风力发电场
标准化设计

华能国际电力股份有限公司　编著

U0260650

中国电力出版社
CHINA ELECTRIC POWER PRESS

内 容 提 要

本书对风力发电场的测风、风资源分析、微观选址、道路、地基处理、集电线路、电气设计、升压站平面布置、建筑物设置及装修、建筑风格等方面进行了统一规定，明确了统一标准，有利于实现风力发电场设计的标准化，从而提高风电设计质量，降低工程造价。本书还提供了低风速风电设计、专题报告设计范例。

本书为华能国际电力股份有限公司风力发电场的管理规范及设计标准，也可供风力发电场设计、建设、管理等相关人员参考使用。

图书在版编目（CIP）数据

风力发电场标准化设计/华能国际电力股份有限公司编著．—北京：中国电力出版社，2014.11（2022.6 重印）
ISBN 978-7-5123-6822-4

Ⅰ．①风… Ⅱ．①华… Ⅲ．①风力发电－发电厂－建筑设计－标准化 Ⅳ．①TU271.1-65

中国版本图书馆 CIP 数据核字（2014）第 270545 号

中国电力出版社出版、发行

（北京市东城区北京站西街 19 号 100005 http://www.cepp.sgcc.com.cn）
三河市万龙印装有限公司印刷
各地新华书店经售

*

2014 年 11 月第一版 2022 年 6 月北京第二次印刷
787 毫米×1092 毫米 16 开本 12.5 印张 217 千字
印数 3001—4000 册 定价 **49.00** 元

序

华能国际电力股份有限公司自成立以来，坚持科学发展，不断深化改革，锐意进取，坚持不懈地进行技术创新和管理创新，为电力工业的改革、发展和技术进步积累了丰富经验，在电力行业起到了引领、示范作用，持续不断地为明天增添动力。

为优化电源结构，实现可持续发展，华能国际近年来十分重视风电工程建设，严格贯彻"两高一低"的基本建设方针和"安、快、好、省、廉"的基本建设总要求，认真落实"安全可靠、以人为本、高效环保、节能降耗、系统优化、配置合理、经济适用、投资节约"的优化设计原则，全面执行华能集团公司风电设计导则、风电典型设计、风电管理规范和风电工程标杆造价要求。同时，华能国际在风电管理方面提出了多项创新管理，如推行风电工程初步设计，编制发布《风电工程初步设计内容及深度规定》。为进一步做好风电工程优化设计，华能国际组织编制了《风力发电场标准化设计》，以进一步明确风电建设要求，统一建设标准，提高风电工程建设水平。

《风力发电场标准化设计》在华能集团、华能国际现有风电相关管理规定、规范、标准的基础上，对没有明确标准的内容提出了明确的数字化标准，对差异较大的标准进行了优化统一，对范围较大的标准进行了调整。通过标准化设计，华能国际风电场从测风、风资源分析、微观选址、道路、地基处理、升压站平面布置、建筑物设置及装修、建筑风格等进行了统一规定，明确了统一标准，将有利于实现华能国际风电设计的标准化，从而提高风电设计质量，降低工程造价。

希望公司各单位以《风力发电场标准化设计》的发布为契机，优化风电设计，严格风电管理，坚持传承与创新，全力推进公司风电建设迈上新台阶。

2014 年 10 月

前　　言

近年来，风力发电工程建设蓬勃发展，并已成为调整电源结构、转变发展方式的重要及有效途径。

风力发电项目的特点是投资相对较小、建设周期相对较短，建设管理流程与火电相比相对单一，尤其在设计方面缺乏相关的标准、规范，由此导致风力发电项目难以实现规范化、科学化管理，项目实际建设过程中更是出现建设标准不统一问题，直接影响风力发电项目的经济性，因此急需建立明确的规范及标准，规范风力发电项目的设计和建设，更好地适应风力发电项目的特点。

华能国际电力股份有限公司在风力发电项目设计中除遵循国家、行业现行标准外，主要执行中国华能集团公司《风电场工程设计导则》、《风电场工程建设管理规范》、《风电场工程典型设计》以及华能国际电力股份有限公司颁布的《风电工程初步设计内容及深度规定》。上述规范、规定从不同角度提出了诸多规定，一些规定尺度不一，一些规定只有原则性的描述而无具体的数据，实际执行过程中，设计单位、项目建设单位往往有选择性地选取标准予以执行，这样很难真正做到统一标准和优化设计。为此，华能国际电力股份有限公司设立了《风力发电场标准化设计》科技项目，提出了标准化设计思路，委托北京乾华科技发展有限公司进行研究。

《风力发电场标准化设计》科技项目于 2014 年二月立项，三月完成提纲编制，四月完成调研，五月完成了初稿，至七月中旬累计完成了六稿，并于七月通过了专家评审。七月二十五日，华能国际电力股份有限公司正式颁布《风力发电场标准化设计》，从而使之成为风力发电工程的管理规范及设计标准。

编　　者

2014 年 7 月

目　　录

第三篇　低风速风电场设计

第四篇　专题报告汇编

第一篇　总体部分

第一章
范围及规范性引用文件

一、范围

适用于风力发电机组单机容量 750kW 及以上陆上并网型风电场工程。

适用于华能国际电力股份有限公司新建和扩建的风电场工程，改建工程可参照执行。

与华能集团现有风电相关管理规定、规范、标准一并使用。

某些条款与华能集团现有规定、标准的表述不一致时以此为准。

如与国家强制性标准相矛盾，应按国家标准执行。

二、规范性引用文件

引用的主要规程、规定、规范、标准如下（不注日期的引用文件，其最新版本适用）。

《风力发电场设计技术规范》（DL/T 5383—2007）

《大型风电场并网设计技术规范》（NB/T 31003—2011）

《全国风能资源评价技术规定》（发改能源〔2004〕865 号）

《风电场风能资源测量方法》（GB/T 18709—2002）

《风电场风能资源评估方法》（GB/T 18710—2002）

《风电场风能资源测量和评估技术规定》（发改能源〔2003〕1403 号）

《风电场场址工程地质勘察技术规定》（发改能源〔2003〕1403 号）

《风电场工程等级划分及设计安全标准（试行）》（FD 002—2007）

《风电机组地基基础设计规定（试行）》（FD 003—2007）

《风电场工程规划报告编制办法》（水电顾新〔2005〕0003 号）

《风电场工程可行性研究报告编制办法》（水电顾新〔2005〕0003 号）

《35kV～110kV 变电站设计规范》（GB 50059—2011）

《35kV～220kV 变电站无功补偿装置设计技术规定》（DL/T 5242—2010）

《供配电系统设计规范》（GB 50052—2009）

《变电站总布置设计技术规程》（DL/T 5056—2007）

《电力工程电缆设计规范》（GB 50217—2007）

《交流电气装置的过压保护和绝缘配合》（DL/T 620—1997）

《火力发电厂与变电站设计防火规范》（GB 50229—2006）

《35kV～220kV 无人值守变电站设计技术规程》（DL/T 5103—2012）

《220kV～500kV 变电所计算机监控系统设计技术规程》（DL/T 5149—2001）

《电力装置的继电保护和自动装置设计规范》（GB 50062—2008）

《继电保护和安全自动装置技术规程》（GB/T 14285—2006）

《火灾自动报警系统设计规范》（GB 50116—2013）

《66kV 及以下架空电力线路设计规范》（GB 50061—2010）

《110kV～750kV 架空输电线路设计规范》（GB 50545—2010）

《架空送电线路杆塔结构设计技术规定》（DL/T 5154—2012）

《架空送电线路基础设计技术规定》（DL/T 5219—2005）

《电力设施抗震设计规范》（GB 50260—2013）

《建筑抗震设计规范》（GB 50011—2010）

《混凝土结构设计规范》（GB 50010—2010）

《建筑地基基础设计规范》（GB 50007—2011）

《建筑结构荷载设计规范》（GB 50009—2012）

《建筑防火设计规范》（GB 50016—2006）

《公共建筑节能设计标准》（GB 50189—2005）

《岩土工程勘察规范（2009 版）》（GB 50021—2001）

《风电场工程建设用地和环境保护管理暂行办法》（发改能源〔2005〕1511 号）

国家能源局 2011 年第 5 号公告颁布的《陆上风电场工程设计概算编制规定及费用标准》（NB/T 31011—2011）

国家能源局 2011 年第 5 号公告颁布的《陆上风电场工程概算定额》（NB/T 31010—2011）

电监会《关于切实加强风电场安全监督管理遏制大规模风电机组脱网事故的通知》（办安全〔2011〕26 号）

经贸委《电网和电厂计算机监控系统及调度数据网络安全防护规定》（经贸委〔2002〕30 号）

电监会《关于风电机组大规模脱网事故中机组低电压脱网情况和无功补偿装置动作情况的通报》（办安全〔2011〕48 号）

《国家能源局关于加强风电场并网运行管理的通知》（国能新能〔2011〕182 号）

《国家能源局关于应发风电开发建设管理暂行办法的通知》（国能新能〔2011〕285 号）

《电力工程项目建设用地指标（风电场）》（建标〔2011〕209 号）

华能集团公司《风电场工程设计导则》（2009 年发布）

华能集团公司《风电场工程建设管理规范》（2009 年发布）

华能集团公司《风电场工程典型设计》（2011 年发布）

华能集团公司《风电工程标杆造价指标》

华能国际《风电工程初步设计内容及深度规定》（2013 年发布）

第二章
术 语 和 定 义

下列术语和定义适用于本书。

1. 风力发电场

风力发电场简称风电场，指将风能转化为电能的电场。

2. 陆上风电场

陆上风电场指海上风电场之外的陆地风电场，包括荒漠、草原、平原、丘陵、山区等。

3. 风力发电机组

风力发电机组是将风的动能转化成电能的设备。由风轮机叶片、机舱、塔架及控制系统组成的连续将风能转换成电能的装置。

4. 塔架

塔架是支撑风轮机叶片和机舱的结构，一般为中空圆柱形，内有爬梯、照明系统和传输电缆。

5. 风电场建设用地

风电场建设用地是指风电场主要生产和辅助设施的建设用地，主要包括风力发电机组及机组变电站、集电线路、升压变电站及运行管理中心和交通工程的建设用地。

6. 集电线路

集电线路是指风电场内用于汇集多台风力发电机组发出的电能输送至变电站的线路。

7. 风场道路

风场道路是指满足风电场内设备运输及日常维修所需要修建的非等级公路。

8. 箱式变电站

箱式变电站是指由高压开关设备、电力变压器、低压开关设备、辅助设备和联结件等元件组成的成套设备，这些元件在工厂内被预先组装在一个箱壳内。

9. 组合式变压器

组合式变压器是指将变压器器身或变压器器身与高压开关设备、高压熔断器、分接开关及相应辅助设备组合于油箱内，并与封闭的高、低压室组成的组合体。

10. 风电场年满负荷发电量

风电场年发电量作为风电场年净上网发电量的专业表述。风电场年净上网发电量是风电场每年在电网并网点处送出的电量，为风电场直接计算发电量减去各种损失后的数据。

11. 升压变电站

升压变电站简称升压站，是由供配电、变电功能的工艺设备用房，以及服务于风电场运行管理的建筑组成的综合体。

第三章
总　　则

一、目的

为规范和提高风电场工程建设水平，进一步做好风电工程优化设计，统一和规范风电场工程设计标准，以追求合理的工程投资获得最佳的经济效益和社会效益，从而提高风电工程设计质量，降低工程造价，特制定本标准。

二、基本要求

（1）风电场设计应遵循国家和行业现行的有关方针政策，并结合工程具体情况，从全局出发，统筹兼顾，积极采用新技术、新工艺、新材料和新设备，做到安全适用、技术先进、经济合理。

（2）风电场工程建设应在长期规划的基础上进行，应正确处理近期建设和远期规划的关系，充分考虑后期工程建设的可能性。

（3）使用年限：风机运行寿命不少于 20 年；其他主要电气设备设计寿命不少于 30 年；土建建（构）筑物设计使用年限和设计基准期为 50 年。

（4）风电场建设应满足《电力工程项目建设用地指标（风电场）》建设用地指标的要求，应坚持节约用地、集约用地的原则。

（5）风电场工程生产运营管理模式一般采用"无人值班、少人值守"的运行方式。

三、编制特点

本标准是在总结已建风电场工程建设经验基础上，依据风电场工程设计导则和风电场工程典型设计，通过比较、提炼、提升相关设计参数，进行设计优化，提出风电场工程设计的一般性指导原则和技术参数，从而满足"安全可靠、经济适用、技术领先、工程优质"的要求，具有通用性、统一性、实用性和前瞻性，有以下几方面特点：

（1）提出了合理的技术经济、设计参数指标。

（2）明确了风电工程设计的基本要求。

（3）对风场道路、架空线路、直埋电缆、场区标识等相关内容提出了基本要求。

（4）对实际工程项目中有代表性的专题报告，进行整理汇编，供风电场工程建设中借鉴参考。

四、内容

分四篇：总体部分；风电场工程标准化设计；低风速风电场设计；专题报告汇编。

第二篇　风电场工程标准化设计

第一章
风 能 资 源

第一节 场 址 选 择

一、风电场场址选择

风电场场址选择即风电场宏观选址，一般是指在缺少现场测风的条件下，利用中尺度模式计算该地区风资源分布状况、参数，根据全国或地区的风能资源分布图、当地的气象数据资料、地形地貌等情况，初步判断、选择风能资源丰富的区域，并综合考虑当地社会经济水平、能源结构、土地使用、交通运输、电网现状、环境影响等因素，确定符合建设条件的风电场场址。

风电场选址所涉及的因素较多，可参考以下标准判断：

1. 风能资源

（1）收资与普查。

1）在没有现场测风的情况下，风电场场址选择一般根据下列资料初步判断当地的风能资源状况：

2）中国气象科学研究院或相关部门利用中尺度模式计算绘制的全国或地区的风能资源分布图；

3）附近风电项目的风资源状况；

4）当地气象台、站的测风数据。

除了以上风电场场址选择依据外，还可根据现场踏勘，采用地形地貌特征判别法、植物变形判别法、风成地貌判别法、当地居民调查判别法，初步判断当地风能资源是否丰富。

（2）风能资源评估标准。

风电场选址风能资源评估最低标准表见表 2-1-1。

表 2-1-1   **风电场选址风能资源评估最低标准表**

序号	项　目	取值范围	备　注
1	风速	≥5.2m/s	70m 高度换算至标准空气密度下的的年平均风速
2	风功率密度	≥180W/m²	70m 高度换算至标准空气密度下的年平均风功率密度
3	风向	盛行风向不宜超过 3 个风向	风向按 16 扇区划分
4	全年有效风速小时数	≥6000h	有效风速区间为 3～25m/s

2. 工程地质条件

风电场场址位置应处于地质构造相对稳定地段，并与活动性断裂保持一定的安全距离，应避开不良地质灾害易发生区，应尽量选择地震基本烈度 8 度及以下的地区，工程地质和水文地质条件较好的场址。

3. 风电场并网条件

风电场场址选择时应尽量靠近合适电压等级的变电站或电网，要考虑电网现有容量、结构及其可容纳的最大容量，以及风电场的上网规模与电网是否匹配的问题。

4. 交通运输条件

风电场场址选择要考虑所选定风电场的交通运输情况，设备供应运输是否便利，运输路段及桥梁的承载力是否适合风力发电机组运输车辆等。

5. 建设用地

风电场场址选择，应充分考虑节约用地，不占用农田，优先利用荒地、劣地及非耕地；升压变电站布置须满足河湖水域、绿化、高压走廊、文物保护、微波通道、道路等规划的避让要求。

6. 环境影响

风电场选址时应注意与附近居民、工厂、企事业单位（点）保持适当距离，尽量减小噪声污染；应避开自然保护区、珍稀动植物地区以及候鸟保护区和候鸟迁徙路径等。另外，候选风电场场址内树木应尽量减少占用植被面积，以便在建设和施工过程中少砍伐树木。

7. 其他因素

风电场场址选择还需要考虑当地的社会经济水平，能源结构；当地居民对风力发电的接受程度；风电场场址区的土地利用情况，征地难易程度；风电场是否涉及压覆矿藏，是否与当地的军事设施、文物保护冲突等。

二、风电场宏观选址

应根据风能资源普查结果，并参考其他风电场前期工作成果，初步确定几个风能可利用区，分别对其风能资源进行进一步分析、对地形地貌、地质、交通、电网及其他外部条件进行评价，并对各风能可利用区进行相关比较，从而选出并确定最合适的风电场场址。

第二节　场　区　规　划

一、风电场总体规划

规划应贯彻统一规划、分期实施、综合平衡、讲求效益、合理开发、保护资源的原则，同国民经济发展规划、国家新能源规划等保持一致。

二、风电场分期规划

根据风电场前期工作进展、建设条件、风能资源条件、接入系统条件、工程地质条件等方面，经综合比较初步确定风电场开发次序、规划范围、建设规模和实施年份。

三、风电场场址范围

根据有关气象资料，并结合必要的风能资源测量手段，对风能资源进行分析和评价，在 1:5 万地形图上分析具备风电开发价值的区域，拟定各规划风电场场址范围，绘制各规划风电场场址范围图，并估算风能资源总储量及技术开发量。

风电场规划装机容量估算可参照表 2-1-2。

表 2-1-2 风电场规划装机容量估算表

地形条件	其 他 条 件	单位面积估算容量
平坦地形	场址内植被、居民点、各类设施较少，无大面积矿藏压覆	5000kW/km²
	场址内有较大面积的基本农田、国家公益林等用地，或各类设施（铁路、高速公路、高压输电线路、厂房等）较多，或有较大面积的矿藏压覆	2000~4000kW/km²
复杂地形	（1）场址内山脊线较为连续完整，走向与主导风向不平行，植被、居民点、各类设施较少，无大面积矿藏压覆	2000~4000kW/km²
	（2）场址内山脊线较为连续完整，走向与主导风向基本平行，植被、居民点、各类设施较少，无大面积矿藏压覆	1000~2000kW/km²
	（3）场址内山体较为破碎，植被、居民点、各类设施较少，无大面积矿藏压覆	1000~2000kW/km²
	（4）场址内山体较为破碎，或山脊线较为连续完整但走向与主导风向基本平行，场址内有较大面积的基本农田、国家公益林等用地，或各类设施（铁路、高速公路、高压输电线路、厂房等）较多，或有较大面积的矿藏压覆	<1000kW/km²

四、升压站选址

升压站站址除满足场址选择的要求外，还宜符合以下规定：

（1）靠近风电场中心并靠近主干道路。

（2）便于架空和电缆线路的引入和引出。

（3）地质、地形和地貌条件适宜。

五、风电场升压站及塔架基础的防洪标准

风电场升压站及塔架基础的防洪标准应符合有关规定。

第三节 风 能 资 源 测 量

风电场风能资源测量主要包括测风方案的确定、测风塔的设置、测风设备的安装、测风数据的收集和整理。

风电场场址风能资源的测量是风电场工程项目开发的前提条件，只有在得到准确、可靠的测风数据后，才能够对风电场区域的风能资源分布作出准确、可靠的分析和评价，为风电场的机组选型和微观选址提供理论基础。

一、测风方案

现场测风的目的是获取准确的风电场区域内的风况数据，要求数据具有代表

性、精确性和完整性，因此应制定严格的测风方案，这主要包括测风塔位置、数量和测风高度的确定。

二、测风塔设置

（1）测风塔的位置，应选择在风电场内风能资源具有代表性的位置。测风位置附近应无高大建筑、树木等障碍物，与单个障碍物距离应大于障碍物高度的 3 倍，与成排障碍物距离应保持在最大高度的 10 倍以上。

（2）测风塔安装的高度一般不宜低于拟安装的风力发电机组的轮毂中心高度。风电场多处安装测风塔时，其高度可按规范 10、30、50、70m，根据需要可以增加。但至少应有一处测风塔的高度高于拟安装的风力发电机组的轮毂高度。

（3）安装在测风塔上的测量仪器包括风速传感器、风向传感器、气压传感器、温度传感器和数据采集器等设备，在南方最好安装湿度传感器。只在一处安装测风塔时，测风塔应安装至少四层风速、传感器，其中两层应选择在 10m 高度和拟安装的风力发电机组的轮毂高度处。风向传感器一般在 10m 高度和顶层安装。

（4）测风塔的数量，应根据风场规模及场内地形的复杂程度确定。测风塔的数量最低要求应符合表 2-1-3 规定。

表 2-1-3　　　　　　　　　　测风塔数量设置一览表

地形特点	测风塔位置	风电场规模	测风塔数量	备　　注
平坦内陆地形海拔高差在 50m 以内	靠近风电场中心或上风向位置	装机容量 100MW	1～2	测风塔周边无高大障碍物，距单个障碍物距离应大于障碍物高度的 3 倍，与成排障碍物距离应大于障碍物最大高度的 10 倍距离
地形较为复杂，海拔高差在 50～200m	位于主要山脊线上，靠近上风向	装机容量 100MW	1～2	测风塔周边无高大障碍物，无造成遮挡效应的地形分布，可在海拔适中、地势相对开阔的丘陵岗上
		装机容量 200MW 及以上	2～3	
山区地形海拔高差在 200m 以上	位于主要山脊线上，靠近上风向	装机容量 100MW	2～3	安装位置宜在风场区域预装风力发电机组海拔最高处、最低处和平均海拔的山脊位置安装 3 座测风塔
		装机容量 200MW 及以上	3～4	

三、测风数据采集与整理

按照《风电场风能资源测量方法》（GB/T 18709—2002）相关规定，对测风数据进行及时采集，跟踪分析测风数据的合理性，发现问题应及时查找原因，并与维护部门及时联系修正，整理完成满足风能资源评估的完整年的测风数据。

1. 测风数据采集

（1）现场测量收集数据应至少连续进行一年，最好是一个完整自然年，并保证采集的有效数据完整率达到95%以上；大风月时段连续缺测不应超过15日；其他时段连续缺测不应超过30日。

（2）测风数据一般可通过无线传输形式逐日采集；若测风数据需要现场采集的，数据收集的时段最长不宜超过两周，收集的测量数据应作为原始资料正本保存，用复制件进行数据分析和整理。

（3）现场采集数据或检修，均应有现场执行记录。现场采集的数据文件需汇总成表。

2. 测风数据整理

（1）现场采集的原始数据不得进行任何的删改或增减，并应及时对下载数据进行复制和整理。

（2）每两周收集数据后应对收集的数据进行初步判断，判断数据是否在合理的范围内；判断不同高度的测量记录相关性是否合理；判断测量参数连续变化趋势是否合理。

（3）发现数据缺漏和失真时，应立即认真检查测风设备，及时进行设备检修或更换，并应对缺漏和失真数据说明原因。

（4）将所有未经修改的原始测风数据记录汇总，整理形成现场测量逐十分钟原始数据报告以及逐小时原始数据与极大风速数据报告。

四、测风塔缺测数据的处理

（1）测风塔某一时段所有设备缺测，宜采用相关性较好的邻近测风塔同期的、相同或邻近高度的测风数据，通过两者之间相关关系进行插补。同期测风数据的相关系数不宜小于0.8，所有设备缺测数据总数符合现行国家标准《风电场风能资源测量方法》（GB/T 18709—2002）中的规定。

（2）测风塔只有某些设备缺测，宜采用相邻高度同时段的完整风速数据，计算相邻两高度同时段风切变指数，按现行国家标准《风电场风能资源评估方法》（GB/T 18710—2002）中风切变幂律公式进行插补。

第四节　风能资源分析评价

一、风能资源分析

1. 一般规定

（1）根据风电场风资源测量获取的原始数据，对其完整性和合理性进行判断，检验出缺测的数据和不合理的数据，经过适当处理，整理出一套至少连续一年（最好是一个自然年）完整的风速、风向及气压、气温、湿度资料。

（2）在风电场场址风资源测量的基础上，通过收集风电场所在地区附近长期测站（如气象台、站等）位置坐标（GPS采点）、气象资料、长期风速、风向资料，以及与风电场同期完整年逐时风速、风向资料，通过场址测站和长期测站的风资源数据的相关分析，结合长期测站多年平均风速和风电场测风年同期年平均风速的差值情况，将验证后的风电场各测站不同高度测风数据订正为反映风电场长期平均水平的代表性数据。

（3）风能资源分析时应对测风数据进行不同高度逐时完整性、合理性、相关性检验；分析不同等级风速湍流强度变化情况；进行不同高度数据订正和轮毂高度多方案比较，对订正后的风速进行合理性分析。

2. 测风数据收集和验证

（1）风电场附近长期测站资料的收集。

1）长期测站的站址现状和过去的变化情况，包括观测记录数据的测风仪型号、安装高度和周围障碍物情况（如树木和建筑物的高度，与测风杆的距离等），以及建站以来站址、测风仪器及其安装位置、周围环境变动的时间和情况；

2）有代表性的连续30年的逐年平均风速和各月平均风速；

3）与风场测站同期的逐小时风速和风向数据；

4）累年平均气温和气压数据；

5）建站以来记录到的最大风速、极大风速及其发生的时间和风向、极端最高最低气温、年雷暴日数、积冰日数、冻土深度、积雪深度和侵蚀条件（沙尘、盐雾）等。

（2）风电场测风数据的收集。

应收集风电场各个测风塔的风速、风向、气温、气压和标准偏差的实测时间序列数据，极大风速及其风向。

（3）测风数据的验证。

数据验证是检查风场测风获得的原始数据，对其完整性和合理性进行判断，检验出不合理的数据和缺测的数据，经过处理，整理出至少连续一年完整的风场逐小时测风数据。其主要包括数据的完整性检验和合理性检验，数据检验后还需要对缺测数据和不合理数据进行处理。

3. 测风数据处理和风资源参数计算

将测风数据处理成评估风场风能资源所需要的各种参数，包括不同时段的平均风速和风功率密度、风速频率分布和风能频率分布、风向频率和风能密度方向分布、风切变指数和湍流强度等。

（1）测风数据处理。

计算统计月平均、年平均风速和风功率密度；各月同一钟点（每日 0～23 点）平均、全年同一钟点平均风速和风功率密度。

以 1m/s 为一个风速区间，统计每个风速区间内风速和风能出现的频率。

计算统计出在代表 16 个方位的扇区内风向出现的频率和风能密度方向分布。

（2）风资源参数计算。

1）风电场空气密度；

2）风电场各个测风高度和预装风机轮毂高度的年平均风速和风功率密度；

3）风电场的风向频率玫瑰图和风能密度玫瑰图；

4）风速频率分布和风能频率分布；

5）用幂定律拟合的方法计算风切变指数；

6）计算各个风速段的湍流强度；

7）风电场预装轮毂高度处的 50 年一遇最大风速。

二、风能资源评价

1. 风功率密度

风功率密度蕴含风速、风速分布和空气密度的影响，是风场风能资源的综合指标，风功率密度等级见表 2-1-4。

表 2-1-4　　　　　　　　　　　　　风功率密度等级表

风功率密度等级	10m 高度		30m 高度		50m 高度		70m 高度		80m 高度		100m 高度	
	风功率密度（W/m²）	年平均风速（m/s）	风功率密度（W/m²）	年平均风速（m/s）	风功率密度（W/m²）	年平均风速（m/s）	风功率密度（W/m²）	年平均风速（m/s）	风功率密度（W/m²）	年平均风速（m/s）	风功率密度（W/m²）	年平均风速（m/s）
1	<100	4.4	<160	5.1	<200	5.6	<230	5.81	<244	5.92	<268	6.12
2	100～150	5.1	160～240	5.9	200～300	6.4	230-345	6.73	244～366	6.86	268～402	7.09
3	150～200	5.6	240～320	6.5	300～400	7.0	345-460	7.39	366～488	7.54	402～536	7.78
4	200～250	6.0	320～400	7.0	400～500	7.5	460-575	7.92	488～610	8.08	536～670	8.34
5	250～300	6.4	400～480	7.4	500～600	8.0	575-690	8.45	610～730	8.61	670～804	8.90
6	300～400	7.0	480～640	8.2	600～800	8.8	690-920	9.24	730～975	9.42	804～1072	9.73
7	400～1000	9.4	640～1600	11.0	800～2000	11.9	920-2300	12.41	975～2440	12.65	1072～2680	13.07

注　1. 不同高度的年平均风速参考值是按风切变指数为 1/7 推算的。
　　2. 与风功率密度上限值对应的年平均风速参考值，按海平面标准大气压及风速频率符合瑞利分布的情况推算。

2. 风向频率及风能密度方向分布

风电场内机组位置的排列取决于风能密度方向分布和地形的影响。在风能玫瑰图上最好有一个明显的主导风向，或两个方向接近相反的主风向；在山区主风向与山脊走向垂直为最好。

3. 风速的日变化和年变化

用各月的风速（或风功率密度）日变化曲线图和全年的风速（或风功率密度）日变化曲线图，与同期的电网日负荷曲线对比；风速（或风功率密度）年变化曲线图，与同期的电网年负荷曲线对比，两者相一致或接近的部分越多越好。

4. 湍流强度

湍流强度值在 0.12 或以下表示湍流相对较小，中等程度湍流强度值在 0.12～0.14，更高的值表明湍流过大。另外，湍流强度值对风电场机型选择有重要指导意义，应根据风电场湍流强度来选择相应湍流等级的风电机组，风电机组安全等级要求见表 2-1-5。

表 2-1-5　　　　　　　IEC61400-1（第三版）风电机组等级表

风力发电机等级		I	II	III	S
V_{ref}	（m/s）	50	42.5	37.5	由设计者指定
A	I_{ref}（－）		0.16		

续表

风力发电机等级	I	II	III	S
B I_{ref}（-）		0.14		由设计者指定
C I_{ref}（-）		0.12		

注 1. 所有参数值均是指轮毂高度处的参数。
　　2. V_{ref} 是指参考风速（10min 平均值）。
　　3. I_{ref} 是指风速为 15m/s 时的湍流强度。

5. 其他特殊气候条件

极端气象条件包括极端气温、最大积雪厚度、最大覆冰厚度、历年最大雷暴天气日数、历年最大沙尘暴日数、盐雾等，根据风电场所在地区具体条件，对风电机组指标提出要求。

特殊气象条件标准见表 2-1-6。

表 2-1-6　　　　　　　　　特殊气象条件标准

气象条件	指标范围	备 注
极端高温	≥40℃	
极端低温	≤-20℃	
最大积雪厚度	≥20cm	
最大覆冰厚度	≥5mm	
历年最大雷暴天气日数	≥40d	
历年最大沙尘暴日数	≥10d	
盐雾	滩涂、近海风电场均应提出抗腐蚀要求	

第二章

风机选型及发电量计算

第一节　风电机组选型

一、选型原则

（1）风电机设备选型主要应考虑以下几方面因素：

1）多年平均风速和极限风速；

2）设备运输及吊装方案的可行性与经济性比较；

3）根据当地气象条件确定是否选择低温型（或采取低温措施）风电机组；

4）机组的运行稳定性；

5）机组运行维护、备品备件采购与更换方便性；

6）预计在项目建设阶段设备生产厂商主要机型的市场供需情况。

（2）根据代表年风资源数据、风场地形图、当地情况下机组的功率曲线及推力系数、不同高度的年平均风速、塔筒重量、风电机组基础造价、道路及安装难易度等方面，通过理论发电量及财务初步分析，选择度电成本较低、运行维护成本较低的风电机组作为可选机型。

（3）风力发电机组的单机容量。

风力发电机组的单机容量应根据不同容量风力发电机组组成的风电场投资和运行期收益，经技术经济比较后确定。

在复杂地形场地的场地面积、交通运输条件和地形条件允许的情况下，宜选择大容量的风力发电机组。

（4）风力发电机组机型选择。

极端温度低于 –20°C 时候应选择低温型风力发电机组，海拔 2500m 以上应选用高原型机型。

二、风电机组轮毂高度选择

（1）风力发电机组选型应考虑轮毂高度处平均风速、50 年一遇 10min 最大风速、15m/s 风速的湍流强度 IT15、气候特征、场地地形、技术经济、运行检修条件等因素。

（2）根据风电机组机型，拟定不同的风电机组轮毂预装高度方案进行技术经济比较，选择性价高的风电机组轮毂安装高度。

（3）在经济对比的基础上，选择适宜的轮毂高度。

第二节　风电机组布置

一、布置原则

风电机组排布方式应根据场址风向、风能频率分布、地形地貌和风电机组数量等因素进行确定见表 2-2-1。

表 2-2-1　　　　　　　　风 电 机 组 布 置 原 则

考虑因素	具 体 原 则
风资源分布	风电机组布置应考虑场址地区风资源的分布特点，尽量在风速或风功率密度较大位置布置风电机组，以充分利用风能资源和场址资源。为更有效利用风能资源，可以考虑不同机型混合排布
地类状况	从节约和集约利用土地的原则，尽量使用未利用土地，不占或少占耕地。避开保护性林地、矿区、景区、军事禁区等限制开发区域
地形条件	风电机组布置方案需考虑场地地形条件的具体要求
风机安全性	考虑场址盛行风向，选择合理的风电机组布置间距，尽量减少尾流影响，降低风机的湍流强度
场区道路	山地地形较为复杂，风电机组布置应充分考虑风电场内交通运输及施工安装条件的可行性和经济性，并充分考虑风电场微观选址的限制要求内容
集电线路	风电机组机位选择应利于风电场内集电线路布置，以减少输电线路或电缆长度，节省投资

二、布置方案

1. 风电机组排布方式

风电机组排布方式应根据场址风向、风能频率分布、地形地貌和风电机组数量等因素进行确定。

2. 平坦地形

平坦地形的风电机组群排列方式一般采用矩阵式分布，其排列方向与盛行风向垂直，前后两排错位。风电机组的排列一般按照列距为 3～5 倍风轮直径，行距为 4～6 倍风轮直径。

当场地存在多个盛行风向时，风电机组排布一般采用"田"形或圆形分布，风电机组间距通常取 10～12 倍风轮直径或更大。

3. 复杂地形

根据实际地形，测算各点的风能资源情况后，经综合考虑各方因素如安装、地形、地质、地类、道路、线路等，选择合适的距离和地点进行风电机组布置。

在保证风机安全性的前提下，按发电量最大化，道路、线路、征地等成本支出最优化布置发电机组，风电机组的行列距排布，可以根据现场实际情况，适当减小或者增大风机间距。

第三节　微　观　选　址

一、一般要求

（1）风电机组间尾流影响应满足风电机组制造厂家的安全性要求，风电场微观选址一般原则上控制风电场整体布置尾流影响不超过 8%，单机最大尾流影响以不超过 10% 为宜，对于一些场址资源条件受限制的情况，局部可适当放宽。

（2）对于较复杂的地形，风电场的微观选址须分析了解典型地形下的风速分布规律：

1）对于规模较大的山丘、山脊等隆起地形，风电场风电机组选址一般首先考虑在与盛行风向相切山丘、山脊的两侧上半部，其次是山丘的顶部。应避免在整个背风面及山麓选定场址。

2）对于山谷地形，风电机组选址应重点考虑因"狭管效应"产生风速加速作用的区域，但选址时应注意由于地形变化剧烈，产生的风切变和湍流。

3）对于海陆地形，风速由海到陆衰减较快，风电场风电机组选址宜在水陆交界带。

（3）根据场址条件提出风电场不同风电机组布置方案，对各方案进行技术经济比较后确定，并由项目建设单位、地方政府、设计单位、风电机组制造厂家经综合考虑各方因素如环境保护、军事禁区、土地利用、压矿、安装、地形、地质、场址资源利用等，通过现场逐一点位调整，精确定位各风电机组坐标位置。

二、主机厂家复核

微观选址一般由设计单位提供微观选址技术报告，微观选址成果中风机位置及发电量应由主机厂家进行复核和确认。对存有异议的机位，由项目建设单位、设计单位和风电机组制造厂家共同协调，形成最终的微观选址意见，并提供阶段性调整报告。

三、优化选址

微观选址确定后的机位，由于各种原因（如征地、环境影响、军事等）个别机位需进行移位和调整的，项目建设单位、设计单位和风电机组主机厂家等需结合原微观选址成果和风电机组调整情况，进行重新复核和确认，并提供阶段性调整报告。

第四节　风电场年上网电量估算

一、理论年发电量估算

利用风能资源评估专业软件，结合风电场预装轮毂高度、测风塔代表年逐时风速、风向系列资料及选定的风电机组机型和风电机组功率曲线，进行风场模拟分析，计算各风电机组标准状态下的理论年发电量。

二、年上网电量修正

风电场年上网电量是在理论发电量的基础上，综合考虑风电机组利用率、气候影响、空气密度、功率曲线修正、风电机组尾流、风电机组叶片腐蚀污染、控制和湍流强度、风电场内能量损耗等影响因素，对其进行修正，得出风电场年上网电量。

上网发电量计算应按表 2-2-2 的要求进行折减。

表 2-2-2　　　　　　　风电场上网发电量折减因素影响的参考值

编号	项目	发电量折减因素参考值（%）	取值说明	折减因素的详细说明
1	空气密度		按厂家提供空气密度下功率曲线进行计算	
2	尾流影响	据实	单台风机尾流以不超过 10% 为宜，个别点位可适当放宽	采用风能资源专业评估软件，结合风电机组布置情况计算
3	控制和湍流	3～5	风速风向变化频繁、湍流强度大的风电场取较大值	根据风电场计算湍流强度
4	风电机组利用率	5	风电机组厂家应保证风机机组利用率至少为 95%	风电机组维修或故障未工作时间/8760
5	功率曲线	5	风电机组厂家应确保功率曲线保证率为 95%	根据风电机组功率曲线保证率折减
6	气候影响	2～10	台风、低温、冻雨、沙尘暴、雷暴等灾害严重的区域取较大值，具体取值根据灾害天气的全年累计时间予以判断	低温、台风、沙尘暴、雷暴、冻雨等灾害性气候影响
7	叶片污染	1～5	风沙大、森林茂密、覆冰、空气污染严重、海边盐雾污染的地区取较大值	根据叶片受污染程度折减
8	场内能量损耗	3～6	范围大、风机排布分散、线路长的风电场取较大值，反之取较小值	风电场内变压器损耗、线损、风电场自用电量
9	软件计算误差	3～10	地形复杂、范围广、植被茂密的风电场取较大值	由于发电量计算软件对风电场适应性不好，可能造成对理论发电量高估
10	风电场间的影响	1～5	风电场间距小、风机排布于上风向的取较大值	根据风场之间的距离、风机排布是否上风向等确定

由于各地区地形复杂多样，自然条件差异较大，风电场实际运行环境复杂，发电量折减的地区差异很大。不同区域、不同地形地貌需要根据具体情况分析，综合考虑的确定折减系数，根据调查统计，目前风电场项目综合折减系数范围大致在30%左右。

第三章

风电场工程测量

第一节 一 般 规 定

（1）根据工程各设计阶段的工作内容及场址区地形地貌条件，确定满足风电场建设要求的测图比例尺及深度要求。测量工作结束后，应组织验收和编写测量报告。

（2）坐标系统应与工程所在地土地、规划、水利、海洋等部门采用的坐标系统一致，一般国土部门采用西安 80 坐标系统，林业部门采用北京 54 坐标系统。

（3）高程系统采用 1985 国家高程基准。工程所在地使用地方高程系统的，应与国家高程点联测，计算出两个高程系统之间的换算关系。

（4）测量范围根据风电场场址条件确定。

（5）风电工程测量应符合国家现行的有关标准和规定。

采用的规范、标准如下：

1）《1:500 1:1000 1:2000 地形图航空摄影规范》（GB 6962—2005）；

2）《国家基本比例尺地图图式 第一部分：1:500 1:1000 1:2000 地形图图式》（GB/T 20257.1—2007）；

3）《工程测量规范》（GB 50026—2007）；

4）《全球定位系统（GPS）测量规范》（GB/T 18314—2009）；

5）《全球定位系统实时动态测量（RTK）技术规范》（CH/T 2009—2010）；

6）《测绘成果质量检查与验收》（GB/T 24356—2009）；

7)《测绘作业人员安全规范》（CH 1016—2008）。

第二节 测量技术要求与测量成果

一、测量技术要求

（一）测区控制测量

测区控制网的测量，除地形测量控制点外，还包括风电机组、道路、升压变电站、输变电线路等建筑物控制测量，控制网的测设应根据工程的实际情况，按照精度、可靠性、经济性等目标，选出最佳布网方案。

1. 平面控制测量

（1）平面控制选点工作应在充分调查、了解测区已有控制点的情况后，按拟定方案进行实地选点。选定的点为必须牢固可靠，能长期保存，便于埋设和观测。

（2）平面控制测量主要采用全球定位系统（GPS）测量。GPS 网等级一般为国家 D、E 级。新布设的 GPS 网应与附近已有的国家高等级 GPS 点进行联测，联测点数不得少于 2 个。

2. 高程控制测量

（1）风电场高程控制点采用四等水准测量，与国家水准点一起布设成附合或闭合线路。对高程控制起算点必须进行检测，高程起算点高差检测合格后方可使用。

（2）风电场区域内部高程点尽量选埋在受工程影响小、点位地基坚实稳定并有利于长期保存与观测的位置，以便作为风电场运行时风电机组基础沉降监测的工作基点，沉降监测水准基点需按相关监测规范要求进行埋设。

（二）风电场区域测量

1. 地形图测量比例尺

（1）工程规划阶段主要收集风电场边界及其外延 10km 范围内 1:50000 地形图；预可行性研究阶段主要收集或购买风电场边界及其外延 1～2km 范围内 1:10000 或 1:5000 地形图。

可研阶段或施工图阶段应根据工程项目的实际需要，实测风电场拐点区域内的地形图测量，比例尺一般为 1:2000。

（2）对于山区和丘陵地区，微观选址后，应对风电机组机位的吊装平台进行比例尺为 1:500 的地形图测量。

（3）升压站地形图测量比例一般为 1:500。

（4）架空线路测量。

架空线路测量主要包括送电线路带宽内的地形测量、平断面测量、交叉跨越测量，最终根据道亨软件绘制成平断面图，比例一般为 200:2000（平面：纵断）或 500:5000。

（5）道路测量。

对于复杂山区地形，可根据具体情况进行 1:500 比例尺的带状地形图测量。

（6）风电场地形图测量比例及范围参考见表 2-3-1。

表 2-3-1　　　　　　　　　风电场地形图测量比例及范围参考表

项目名称	测量比例尺	测量范围
风电场地形图	1:2000	风场拐点坐标区域内
送电线路平断面图	200：2000（平面：纵断）	沿线路路径及带宽 50m
道路带状地形图	1:500	沿道路路径及带宽 40m
吊装平台	1:500	吊装平台四边外扩 25m
升压变电站	1:500	升压站四边外扩 20m

2. 测量方法

（1）地形图测量。

1）地形图测量方法。

风电场工程测量一般采用 GPS-RTK 进行测量，以确保测量的精度。

1:2000 地形图的测量一般按下列步骤：

①根据风场拐点坐标购买卫片或用无人机遥感测量；②利用视普软件处理卫片或航片；③现场调绘；④布测相控点、控制点；⑤内业编辑；⑥修图完成。

图根控制点数量根据地形的复杂程度按规范要求设置。

2）地形图精度应满足工程测量规范中的要求。

（2）架空线路测量。

风电场送电线路测量主要涉及选线、定线测量，平断面测量和交叉跨越测量，采用与风电场统一的坐标系统和高程系统。

1）选线、定线测量。

为保证选线的精度，均采用 GPS-RTK 作业方式进行测量。

2）平断面测量。

送电线路起点中心线两侧各 25m 范围内有影响的建（构）筑物、道路、管线、河流、水库、水塘、水沟、渠道、坟地、悬岩、陡壁等地物应测绘其平面位置。

平断面图一般采用道亨专业软件成图。

（3）道路测量。

根据风电场区域的地形地貌情况确定风场道路的测量内容。对于地势相对平坦地区道路设计，可直接在风电场区域的 1:2000 地形图进行设计，对复杂山区道路需按道路路径进行 1:500 带状地形图的测量。道桥、涵管等设计需要的地形图可以单独测量。

道路中桩测量一般采用 GPS-RTK 法。

道路横断面测量是路基设计和计算土石方数量的重要依据。

二、测量成果

测量成果应包括以下几个方面：

（1）测量技术报告；

（2）控制点成果资料；

（3）控制点和点位说明；

（4）风电场区域地形图、升压变电站地形图、吊装平台地形图；

（5）送电线路平断面图；

（6）道路带状地形图。

第四章
风电场工程勘察

一、一般规定

（1）风电场的工程勘察主要包含风电场中风电机位、输电线路、场内道路和升压变电站中的一般房屋建筑及构筑物（简称建筑物）等部分。应根据不同的内容，确定相应的勘察深度和技术要求。

（2）按照技术先进、经济合理、确保工程质量、提高投资效益的原则确定勘察方法和手段。

（3）各部分工程建设在设计和施工之前，必须按基本建设程序进行岩土工程勘察。工程勘察应按各勘察阶段的要求，正确反映工程地质条件，查明不良地质作用和地质灾害，精心勘察、精心分析，提出资料完整、评价正确的勘察报告。

（4）风电场的工程勘察除满足本规定外，尚应满足现行国家、地方、行业的规程规范（标准）的要求。

二、勘察阶段划分

1. 划分原则

根据风电工程的勘察特点，工程勘察宜分阶段进行，可行性研究勘察应符合场址方案的要求；初步勘察应符合初步设计和招标设计的要求；详细勘察应符合施工图设计的要求；场地条件复杂或有特殊要求的工程，宜进行施工勘察。

2. 勘察工作内容

（1）风电场规划及可研阶段选址：主要依据区域地质资料进行场地稳定性及建设适宜性等方面进行分析评价和论证。

（2）初步勘察：主要针对风电场范围进行场地勘察，勘察任务是分析评价场地构造稳定性和场地建设适宜性，初步查明场地工程地质条件和存在问题，初步确定风电机组的基础类型、基础埋深及地基持力。

（3）详细勘察：主要针对风电机组机位进行重点勘察。对于场地内的输电线路、交通道路、升压变电站的勘察应根据场地地质条件，因地制宜地选择勘察手段。本阶段勘察任务是查明具体建筑物地基的工程地质条件和存在问题，确定岩土参数，对相应的地基作出岩土工程评价，并对地基类型、基础形式、地基处理、基坑支护、工程降水、不良地质作用和特殊性岩土的防治等提出建议。

（4）施工勘察：场地条件复杂或有特殊要求的工程，或者风电场进入施工开挖阶段后遇到未探明的地质情况，应补充施工勘察，并对设计变更或地基处理提出针对性的意见。

三、各阶段勘察技术要求

1. 风电场规划及可研阶段

对拟建场地的稳定性和适宜性做出分析评价，并应符合以下要求：

（1）收集区域地质、地形地貌、地震、矿产、当地的工程地质、岩土工程和建筑工程经验等；

（2）在充分收集和分析已选资料的基础上，通过踏勘了解场地的地层、构造、岩性、不良地质作用和地下水等工程地质条件；

（3）当拟建场地工程地质条件复杂、已有资料不能满足要求时，应根据具体情况进行工程地质测绘和必要的勘探工作；

（4）当有两个或两个以上比选场地时，应进行比选分析；

（5）地震地区应进行地震效应评价。

2. 初步勘察

初步勘察应对场地内拟建建筑地段的稳定性做出评价，并应进行下列主要工作：

（1）搜集拟建工程的有关文件、工程地质和岩土工程资料以及工程场地范围的地形图，必要时对近场区的区域断裂及活动性断裂进行调查复核。

（2）初步查明地质构造、地层结构、岩土工程特性、地下水埋藏条件。

（3）查明场地不良地质作用的成因、分布、规模、发展趋势，并对场地的稳定性做出评价。

（4）对地貌、地层复杂的场地进行工程地质测绘，比例尺可选用 1:10000～1:5000。

（5）抗震设防等于或大于 6 度的场地，应对场地和地基的地震效应做出初步评价。

（6）季节性冻土地区，应查明场地土的标准冻结深度。

（7）初步判定水和土对风机基础、输电杆塔基础、升压变电站的建筑基础、构筑基础的腐蚀性。

（8）勘探手段采用钻探、坑槽探、物探相结合的综合方法。按不同的地层岩性条件进行原位标贯、动探试验，并采取原状样及扰动样。

（9）勘探工作布置应能控制场地不同地貌单元、地层岩性分布及各岩土层工程性状。勘探点应均匀布置于风电机组场地范围内，不同地貌单元均应有勘探点控制。

（10）场地应布置勘探剖面线，剖面线应垂直地貌单元或网格状布置。

（11）对于勘探点数量，可根据不同的场地类型及地基土复杂程度按风电机组总数的 10%～20% 控制。

（12）对于勘探点深度，本阶段应参考当地地层结构、地区经验初步设计钻孔深度。岩质地基钻孔深度应进入完整基岩不小于 5m；土质地基应考虑桩基及天然地基土层压缩变形等控制条件设计钻孔深度，根据场地类型的不同按 30～50m 考虑。

（13）对于室内试验，场地内每一地层的原状土试样及原位测试数据不宜少于 6 组，地表水及地下水应采取代表性水样进行水质腐蚀性评价。

（14）对于场地各岩（土）层的土壤电阻率测试，应结合钻探工作布置测点，原则上按每一地貌单元不少于 1 个测点的数量控制。

3. 详细勘察

详细勘察应按勘察的对象提出详细的岩土工程资料和设计、施工所需的岩土参数；对风机或建筑地基做出岩土工程评价，并对地基类型、基础形式、地基处理、基坑支护、工程降水和不良地质作用的防治等提出建议。

本阶段应对风电机组机位、场内输电线路、场内道路、升压变电站等分别布置勘察工作，采用如下综合勘察手段和工作方法：

（1）机位勘察。

1）应采用钻探、坑槽探、物探、原位测试、取样试验相结合的综合勘察手段。其中，地质测绘主要在地形地质条件复杂处进行，并以此指导其他勘察手段的工作布置；物探主要进行岩体波速测试及地基岩土层土壤电阻率测试；土质地基可根据需要进行静力触探测试。

2）对于勘探点布置，每一风机机位的勘探钻孔数量不应少于 1 个，如遇地质条件复杂处，需加密勘探点。

3）对于勘探深度，勘探深度应根据地质条件并结合风电机组基础类型确定。岩质地基筏板基础钻孔深度应进入较完整的强风化岩体 3～5m，岩质锚杆基础钻孔应进入完整弱风化岩体不小于 5m。土质地基钻孔深度应按地基持力层及地基压缩变形要求为控制条件，当持力层以下存在软弱下卧层时，钻孔应穿透该软弱土层。土质地基采用桩基础时，钻孔深度应参考《建筑桩基技术规范》（JGJ 94—2008）进入桩端以下一定深度。

4）对于室内试验，每一风电机组基础勘探深度内的每一土层取样、原位测试数量不宜少于 3 组。同一场地每一工程地质单元的每一土层取样、原位测试数量不应少于 6 组。地表水及地下水应采取代表性水样进行水质腐蚀性分析试验，必要时，可采取地下水位以上的土样进行土的腐蚀性试验。此外，岩质地基场地应进行必要的岩石室内物理力学性质试验。

5）对于场地各岩土层的土壤电阻率测试，应结合钻探工作布置测点，按不同地貌单元控制测点数量：在地下水位较浅的平原地区，测点数量不应少于总风电机组数量的 1/2；在雷电多发的丘陵、山地、海岛等高电阻率地区，测点数量按总风电机组数量全部测试；特殊复杂的高电阻率地区，按风电机组位适当增加布置测点。

（2）场内输电线路勘察。

1）应结合风电机组勘探情况，布置适量钻探、测试、坑槽探等工作，必要时进行部分室内试验工作。

2）勘探点应重点控制架空线路的转角塔、耐张塔、终端塔、大跨越塔等重要塔基和地质条件复杂的地段，每一塔基位应不少于 1 个勘探点。直线塔基地段宜每3～4 个塔位布置 1 个勘探点。如遇地貌地质条件复杂处，需加密勘探点。

3）勘探点深度应根据地质条件及基础型式等要求综合确定。

（3）场内道路勘察。

道路勘察应结合风电机组勘察的情况，适量取样、标贯、坑槽探等工作，察明沿线道路的工程地质条件。

（4）升压变电站勘察。

应按电力行业标准《变电所岩土工程勘测技术规程》（DL/T 5170—2002）执行。

4. 施工勘察

基坑或基槽开挖后，岩土条件与勘察资料不符或发现必须查明的异常情况时，应进行施工勘察。

（1）施工勘察工作主要在天然地基施工开挖以及挖孔桩施工过程中进行；

（2）施工勘察工作的主要内容是地质编录、地基验收，提出地基处理意见和建议；

（3）地质技术人员应对开挖建基面地质条件是否达到设计要求，是否与勘察成果吻合等提出意见。若需进行设计变更或地基处理，应对变更或处理方案提出地质意见；

（4）地质技术人员需做好与施工地质有关的技术资料收集和存档工作。

四、岩土工程分析评价和成果报告

岩土工程分析评价应在工程地质测绘、勘探、测试和搜集已有资料的基础上，结合工程特点和要求进行。各勘察阶段的现场工作结束后，均应及时进行勘察资料的室内整编工作，按时提交勘察成果，以便为相应阶段的工程设计提供地质技术依据。

1. 勘察报告

勘察报告一般应包括以下章节和主要内容：

（1）前言（论述工程简况、勘察任务要求、勘察手段、勘察布置及完成工作量等）；

（2）区域地质概况、构造与稳定概况（论述区域地形地貌、地层岩性、地质构造、地震稳定性、水文地质、物理地质现象，以及风电场建设的适宜性等）；

（3）岩土体物理力学参数；

（4）场地（建筑物）工程地质评价和工程措施建议（初步勘察针对场地，详勘针对单体建筑物）；

（5）结论与建议。

2. 勘察图件

勘察图件（附图、附表等）一般应包括以下主要内容：

（1）工程地质及勘测点平面布置图（视场地的地质条件复杂程度和工程实际需要，必要时可考虑是否进行平面地质测绘，并绘制相应地质图件）；

（2）工程地质柱状图（包括综合地层柱状图、钻孔柱状图、坑槽探展示图等）；

（3）工程地质剖面图（原则上各类勘察手段形成的地质资料均应运用于剖面图的绘制）；

（4）原位测试成果图表（包括静力触探测试、标准贯入测试、岩土速波测试、土壤电阻率测试等成果的图表、曲线）；

（5）室内试验成果图表（包括岩、土、水的室内试验成果）。

第五章

电 气 设 计

第一节 接入系统设计

风电场的接入系统设计一般由电力设计院设计，电力部门进行审查及批复。系统设计应符合 2009 年 2 月国家电网公司《风电场接入系统设计内容深度规定》（修订版）的要求。

一、设计原则

（1）接入电力系统方案设计应从全网出发，合理布局，消除薄弱环节，加强受端主干网络，增强抗事故干扰能力，简化网络结构，降低损耗。

（2）网络结构应满足风力发电规划容量送出的要求，同时兼顾地区电力负荷发展的需要，遵循就近、稳定的原则。

（3）电能质量应能满足风力发电场运行的基本标准。

（4）应节省投资和年运行费用，使年计算费用最小，并考虑分期建设和过渡的方便。

（5）选择电压等级应符合国家电压标准，电压损失符合规程要求。

（6）对于个别地区电网要求送出线路由项目公司自筹资金建设时应根据当地电网造价概算单列。

（7）风电场接入系统设计，应执行国家电网主管部门关于风电场接入系统设计的有关要求，并复核其时效性。

二、一次接入系统条件

（1）根据风电场装机容量和地区电网的电力装机、电力输送、网架结构情况，确定风电场参与电网电力电量平衡的区域范围；风电场的发电量优先考虑在风电场所在地区的电网消纳，以减少输配电成本。

（2）收集当地电网规划和当地电网对可再生能源或分布式能源接入系统的规定，了解电网对风电场穿透极限功率的具体规定，电网可接纳的风电容量，以确定风电场可装机的最大容量。

（3）风电场接网线路回路数不考虑"N-1"原则。风电场宜以一级电压辐射式接入电网，风电场主变高压侧配电装置不宜有电网穿越功率通过。

（4）接入系统应考虑"就近、稳定"的原则，一般 100MW 以下风电场接入 110kV 及以下电网，100～150MW 风电场既可接入 110kV 电网，也可接入 220kV 电网，150～300MW 风电场接入 220kV 或 330kV 电网；成片规划的更大规模的风电场可接入 500kV 电网，但应根据风电场布置以及电网情况做升压变电站配置和/或中心汇流站设置规划。

（5）一般集中装机容量在 300MW 以下配套建设一座升压变电站；集中装机容量在 300MW 以上根据风电场总体布置考虑配套建设 2 座或 2 座以上升压变电站。

（6）对风电装机占较大比例的地区电网，应了解电网对风电有无特殊要求，如风电机组的低电压穿越能力，风电机组的功率变化率等要求。

（7）根据拟接入系统变电站的间隔位置，分析风电场接网线路与原有线路的交越情况，确定合理可行的交越方案。

（8）为满足电网对风电场无功功率的要求，应根据国家电网关于风电场接入电网技术规定的有关要求，在利用风电机组自身无功容量及其调节能力的基础上，测算需配置的无功补偿容量，以及风电场无功功率的调节范围和响应速度，并根据风电场接入系统专题设计复核确定。

（9）对风资源条件优越，而电网薄弱的地区，应积极配合电网进行风电场集中输出的相关输电系统规划设计。

三、一次接入方案

（1）根据规划的风电场规模以及当地电网的接入条件拟定合理的接入方案，对于占地区域较广的风电场经技术经济比较可采用单一的终端升压变电站或中心汇流站加终端站的型式。

（2）由于目前规划的单一风电场装机容量一般不大于 300MW，本标准按 50MW 装机容量为基准递增等级，即推荐的适用风电场装机容量归并为 50MW、100MW、150MW、200MW、250MW、300MW。

（3）对于单一的终端升压变电站的方案，风电场内升压与送出均不考虑"N-1"原则；对于中心汇流站的升压与送出方案以及"N-1"原则应经技术经济论证后与电网协商确定。

四、系统继电保护、系统调动自动化、系统及站内通信

见第二篇第五章第三节电气二次设计

第二节 电气一次设计

一、电气主接线

（1）风电场电气主接线方式采用一机一变的单元接线形式。低压侧采用中性点直接接地系统。

（2）根据目前风电机组设备特点，风电场升压变电站宜按用户站考虑，主接线力求简单、满足可靠性、灵活性（操作检修方便、便于过渡或扩建）节省投资等要求。

（3）可研阶段主变配置应结合规划容量及建设周期统筹考虑。初设阶段主变配置宜按一次接入方案推荐的单台容量与台数配置。

（4）高压配电装置接线应简单、便于过渡或扩建。对于单台变压器的升压变电站高压侧应采用线路变压器组接线；对于多台变压器的升压变电站以及汇集站高压侧原则应采用单母线接线，对于规模较大的风电场变电站当与电网联接两回线路及以上时，可采用单母线分段或双母线接线；对系统的影响较大的汇集站，可按电网要求采取提高可靠性的措施，采用相应的接线形式。

（5）当风电场变电站只有一台主变压器时，低压侧宜采用单母线接线；当装有两台及以上主变压器时，主变压器低压侧母线宜采用单母线分段接线，每台主变压器对应一段母线。

（6）无功补偿装置配置、容量、型式应结合当地电网的要求进行设计。

（7）主变压器高压侧中性点的接地方式由所连接电网的中性点接地方式决定；主变压器低压侧 35kV 可采用消弧线圈、电阻接地系统方式。应根据计算的单相接地电容电流来确定中性点的接地方式（当需要迅速切除故障）宜采用电阻接地方式，推荐的接地方式与对应的单相接地电容电流关系见表 2-5-1。消弧线圈或接地电阻可以安装在主变压器低压绕组的中性点上。当主变压器低压侧无中性点引出时，可在主变压器低压侧装设专用接地变压器。

表 2-5-1　　　　　　　接地方式与对应的单相接地电容电流关系

接地方式	10kV 系统单相接地电容电流（A）	35kV 系统单相接地电容电流（A）
不接地	20	<10
消弧线圈或电阻接地	20～150	10～150
电阻接地	＞150	＞150

二、短路电流及主要设备、导体选择

1. 短路电流水平

各级电压的短路电流水平应根据当地电网要求，并结合风电场工程短路电流计算后确定，电压等级与短路电流对应关系见表 2-5-2。

表 2-5-2　　　　　　　电压等级与短路电流对应关系

电压等级（kV）	短路电流水平（kA）
220	50/40
110	31.5/40
66	31.5
35	31.5/25

2. 电气设备选择原则

选择以国产主流品牌为主。

3. 场内升压变压器选择

（1）关于箱式变压器的容量。

一般对应不同容量风机分别选用箱式变压器见表 2-5-3。

表 2-5-3　　　　　　　风机与箱式变压器容量对照表

序号	风机容量（kW）	箱变容量（kVA）
1	1500	1600

续表

序号	风机容量（kW）	箱变容量（kVA）
2	2000	2200
3	2500	2700～2800
4	3000	3300～3400

（2）场内升压变压器宜采用油浸式，推荐采用箱式变电站的型式，场内箱式变压器接线可参照风机厂家要求配置，箱变型式可选用欧式或美式。在沿海区域可选用欧式箱式变压器，在内陆等环境条件许可的情况下，可综合欧式或美式的优点，选用具有独立的高低压开关室的紧凑型箱式变压器。

环境条件许可的地区也可采用独立式变压器、高低压侧配相应开关设备的形式；场内升压变压器推荐采用节能的Ⅱ型设备。

布置在塔筒、机舱内的机组变电单元变压器应选用干式变压器；紧临塔筒布置的机组变电单元变压器宜选用干式变压器。

（3）箱式变压器高压侧采用负荷开关-熔断器组合电器保护（3000kW及以上风机所配箱式变压器高压侧建议采用断路器）；其低压侧采用框架式空气断路器保护；高低压侧均要求配有避雷器。

（4）风电机组和箱式变压器的 380/220V 自用电源取自各自所带的干式变压器，采用单母线接线。当风电机组自用电由箱式变压器自用电提供时，该干式变压器容量应满足风电机组要求；当机组变电单元安装在风力发电机组的机舱或塔筒内时，自用变压器宜统一考虑。

4. 主变压器选择

（1）主变压器推荐采用油浸式、低损耗、两绕组自然油循环风冷/自冷式有载调压升压变压器。对于带平衡绕组的变压器由于造价较高，如当地电网没有特殊要求应避免采用。

（2）主变压器原则上要求户外布置，对于环境污秽条件受限区域可采用户内布置。

（3）为满足节能降耗要求，建议变压器选用Ⅱ型产品，接线组别一般采用YN，d11，主变压器额定电压与阻抗在满足系统要求的前提下选择标准序列参数。

（4）主变压器配置可参照表 2-5-4。

表 2-5-4　　　　　　　　　　　　主变压器配置一览表

风电场容量（MW）	送出电压等级及回路数	主变压器配置	备注
50	1×110（66）kV	1×50MVA	
100	1×110（66）kV	2×50MVA 或 1×100MVA	
150	2×110kV	2×75MVA	
	1×220（330）kV	2×75MVA 或 1×90MVA+1×63MVA 或 1×150MVA	
200	1×220（330）kV	2×100MVA	
250	1×220（330）kV	2×125MVA 或 1×150MVA+1×100MVA	
300	1×220（330）kV	3×100MVA 或 2×150MVA	

5.　站内高压配电装置型式选择

（1）高压配电装置型式选择应结合土地征用难度、升压站场地面积是否受限、污秽程度、海拔高度、地震烈度、设备造价、安装检修及运行可靠性等方面综合比较确定。

站内配电装置型式与设备选择应结合电网要求经技术经济比较后选择确定。

（2）站内 220（330）kV、110（66）kV 配电装置设备可根据当地环境条件与结合电网要求采用 AIS 和 GIS 设备，原则上以采用 AIS 设备为主，沿海区域及其他受环境污秽条件或其他场地布置条件限制的可采用 GIS 设备。

（3）个别由于架空进出线间隔回路数较多的工程受场地布置条件限制的可选用 HGIS（混合式气体绝缘组合电器）设备。

（4）对于 GIS 设备的选择，应特别注意对接线形式的简化。220（330）kV 选用分相形式，110（66）kV 可采用分相或共箱形式。

（5）对于 AIS 设备的选择，断路器采用 SF_6 型式，电流、电压互感器采用油浸式，220kV 隔离开关优先选用 GW7 型，110/66kV 隔离开关可选用 GW4 型。

（6）避雷器使用磁套式或复合绝缘氧化锌避雷器；线路的避雷器使用磁套式避雷器。

（7）母线电压互感器尽量使用电容式电压互感器。

6.　站内 35kV 配电装置选择

35kV 配电装置采用金属铠装移开式开关柜，内配真空断路器或 SF_6 断路器（电容器回路），开关额定电流与额定开断电流根据各工程需要选用。高海拔地区可采用固定式、SF_6 气体绝缘开关柜。3000m 以上宜采用 SF_6 气体绝缘开关柜。

电压互感器与电流互感器选用真空浇注式，其容量与精度应满足工程需要。

7. 站内接地变压器、站用变压器设备的选择

（1）接地变压器、站用变压器可选用油浸式户外布置。沿海区域及其他受环境污秽条件限制的可采用干式户内布置，此时采用柜内安装，可与开关柜同室布置。

（2）当采用消弧线圈接地时，接地变压器、站用变压器宜合并；当采用小电阻接地时，接地变压器、站用变压器可分开设置。

（3）接地变压器兼站用变压器（接线形式采用 Zn，yn11 型）和站用变压器（接线形式采用 D，yn11 型）推荐采用节能的 II 型设备。

8. 站内接地电阻、消弧设备的选择

（1）接地电阻设备应选择成套组柜式。

（2）消弧线圈可选用油浸式，户外布置。沿海区域及其他受环境污秽条件限制可采用干式户内布置，此时采用金属柜内安装，宜与开关柜同室布置或单独房间布置。

9. 站内无功补偿设备选择

站内无功补偿设备原则要求选用动态无功补偿装置，对于装置的具体型式可按当地电网要求选用 SVG 或 SVC。

如选择 SVG，则应根据设备造价、运行可靠性、占地面积等方面综合考虑采用降压式或直挂式 SVG。

10. 风电场导体选择

导体截面须经经济电流密度、动热稳定、长期允许载流量等校验。

风电场中压电缆宜选用交联聚乙烯绝缘电缆，1kV 及以下电缆可根据环境条件选用聚乙烯或聚氯乙烯绝缘电缆。

可根据经济技术比较选用铜芯或铝芯电力电缆。风力发电机组与机组变电单元之间的低压电力电缆宜选用铜芯电力电缆。电力电缆可采用多芯或单芯电缆。当采用单芯铠装电力电缆时，应选用非磁性金属铠装层。-15℃以下低温环境，应选用耐低温材料绝缘电缆，不宜选用聚氯乙烯绝缘电缆。

主变低压侧与 35kV 配电装置连接导体宜选用共箱封闭母线或绝缘管母线。

三、电气设备布置

（1）升压变电站内各级电压的配电装置应结合地形和所对应的出线方向进行平面组合，避免或减少线路交叉跨越及折弯。配电装置相互间的相对位置应使高压配电装置、主变压器、低压配电装置、无功补偿装置至各配电装置的连接导线顺直短

捷、场内道路和电缆的长度较短。

（2）电气设备布置优先采用 AIS 布置方案，具体可参见华能集团典型设计，如采用 GIS 配电装置，可考虑把相应 AIS 布置部分调整为 GIS。

四、站用电及照明

（1）站用电系统应有两路可靠的电源，风电场大部分为 1 回送出线路，故需在升压变电站主变低压母线配置一台站用变压器外，另向系统申请 1 回同容量的电源。备用电源需永临结合（基建期可作为施工电源）。

（2）站用电系统采用三相四线制、中性点接地系统。站用变容量应按照站内实际交流负荷情况统计后确定。

（3）当变电站只有 1 回送出线路时，对于 220kV 及以上升压变电站 380/220V 站用电系统宜为单母线分段接线，两台站用变压器各带一段负荷，施工变兼备用变压器作为明备用；也可为单母线接线，设一台站用变压器，施工变兼备用变压器作为明备用。110kV 及以下升压变电站 380/220V 站用电系统可为单母线接线，设一台站用变压器，施工变压器兼备用变压器作为明备用。

当变电站有 2 回及以上送出线路时，站用工作电源和备用电源宜分别从不同主变压器低压侧电母线引接；当只有 1 台主变压器时，备用电源宜从站外引接。

（4）照明电源分交流电源和直流电源两种。交流电源来自站用配电屏，主要供正常照明；直流电源是蓄电池直流母线经直流屏转供，主要供站内应急照明。直流电源容量应满足维持应急照明不小于 1h 的要求。

继电保护室及中央控制室的照明灯具，采用嵌入式铝合金格栅荧光灯，灯具的配置和安装数量应与建筑装饰相匹配，并避免眩光。35kV 配电装置采用荧光灯照明。在继电保护室、中控室、走廊、35kV 配电室、SVG 室、GIS 室、低压配电室内设有应急照明灯。屋外配电装置的照明采用投光灯，作为检修照明。在站前区及站内主要道路设置正常照明。照明均应采用节能型灯具。

五、电压保护和接地

1. 过电压保护

（1）雷电侵入波及谐振过电压保护。

1）为防止线路雷电波过电压，根据需要在 220kV（110kV）出线设置氧化锌避雷器，其他处是否设置避雷器根据《交流电气装置的过电压保护和绝缘配合》（DL/T

620—1997）中的规定复核后确定；35kV（10kV）每段母线和出线上配置氧化锌避雷器；为保护变压器中性点绝缘，在主变压器中性点宜配置氧化锌避雷器；箱式变压器高低压侧设避雷器。

2）35kV 无功补偿装置由成套厂家配置相应氧化锌避雷器。

3）为了消除谐振过电压，在 35kV 母线电压互感器的中性点宜装设一次消谐器。

（2）直击雷保护。

升压站应进行防直击雷计算，以确定全站设置避雷针的数量。

风电场箱变距风机较近，在风机的防雷保护范围内。

（3）电气设备外绝缘及绝缘子串泄漏距离。

根据工程所在地的污秽等级、海拔高度、配电装置电压等级选择设备的外绝缘爬电距离和绝缘子串个数。

2. 接地

（1）风电场接地。

1）风电机组与箱变接地应满足接地电阻值的要求。接地体的截面选择应综合考虑热稳定要求和腐蚀，在满足上述要求的前提下水平接地体可采用 60×6 热镀锌扁钢，垂直接地体可采用 ϕ60 热镀锌钢管。

对于受土壤腐蚀性和地质条件限制风电机组的接地，通过技术经济比较也可采用铜质接地体或铜包钢接地体。风电场接地网跨步电压和接触电势应满足规程、规范要求。风机的防雷引下线与接地装置的连接点和箱变与接地装置的连接点，在地中沿接地体的长度应不小于15m。水平接地体埋深一般不小于0.6m，具体工程的接地体埋深应根据当地土壤性质、地质构造、冻土深度等相关因素综合确定。

常用接地材料见表 2-5-5。

表 2-5-5　　　　　　　　常用接地材料一览表

序号	名称	规格型号	单位	备注
1	热镀锌扁钢	−60×6	m	
2	热镀锌钢管	DN60　L=2500	根	
3	离子接地极		套	含降阻回填料
4	接地模块		套	
5	降阻剂		t	

2）降阻措施。

当土壤电阻率的取值 ρ<200Ω·m 时，将风机工频接地电阻限制在4Ω以下，一般较容易达到；当土壤电阻率的取值 ρ>200Ω·m 时，为将工频接地电阻限制在4Ω以下，常需要采取一定的降阻措施。常用的降阻措施有：风机地网互联法、换土法、外延降阻法、深井接地法、水下接地网法、使用降阻剂、安装离子接地体或接地模块等，具体工程应根据当地地质条件，经技术经济比较，选择适合的一种或几种联合的降阻方法进行接地设计。

（2）升压站接地。

升压站接地设计与站址区域土壤电阻率、短路入地电流有很大关系，要求接地电阻 $R \leqslant 2000/I$。

全站接地网采用水平敷设的接地干线为主、垂直接地极为辅联合构成的复合式人工接地装置。一般情况下，主接地网水平接地体及主设备接地引下线可选用热镀锌扁钢，垂直接地体可选用热镀锌钢管。

对于地下水位较高，地中腐蚀较严重的地区，建议在实际工程中选用铜质接地体。如升压站土壤电阻率较高，可采用换土法、外延降阻法、深井接地法、水下接地网法、使用降阻剂、安装离子接地体或接地模块等，具体工程应根据当地地质条件，经技术经济比较，选择适合的一种或几种联合的降阻方法进行接地设计。

当升压站接地网难以满足跨步电势及接触电势时，应考虑在经常操作的设备周围采用水平网格的均压带或高电阻的绝缘操作地坪。

主控制室、继电保护室的电缆沟，按屏柜布置的方向敷设截面不小于 100mm^2 的接地铜排，并首末连接形成二次设备室的内等电位接地网，二次设备室的内等电位接地网必须用 4 根以上，截面不小于 50mm^2 的接地铜排（缆）与变电站主接地网可靠连接。设备区就地端子箱使用截面不小于 100mm^2 的铜排（缆）互连后，再与二次设备室内等电位接地网可靠连接。

六、电缆设施

风机至箱变低压侧电缆采用穿保护套管方式或直埋与穿管相结合方式敷设。

升压站高压配电装置区、无功补偿装置区、主变区及 35kV 配电室均设有电缆沟，继电保护室采用防静电架空地板，架空地板下设置电缆槽，站内电缆通过电缆沟和架空地板下电缆槽敷设。

第三节 电气二次设计

一、系统继电保护及安全自动装置

1. 110（66）kV 等级接入

（1）110（66）kV 线路保护。

110（66）kV 线路应在系统侧配置 1 套线路保护，具有主保护和完整的后备保护，风电场升压站侧可不配线路保护，只配三相操作箱，靠对侧线路保护切除线路故障。

在系统侧保护不满足要求时，系统侧和升压站侧可配置 1 套光纤纵联差动保护作为主保护和完整的后备保护。保护通道宜采用专用光纤通道或光纤 2M 复用通道。

（2）110（66）kV 母线保护。

110（66）kV 母线应按远景规模配置 1 套母线保护。

（3）故障录波装置。

根据系统规模以及相应故障录波量要求，配置故障录波装置。

（4）安全自动装置。

根据系统稳定需要配置相应安全稳定控制装置。

2. 220（330）kV 等级接入

（1）220（330）kV 线路保护。

1）220（330）kV 线路配置两套完全独立的微机型全线速动主保护，两套均带有完整的阶段式后备保护。两套保护完全双重化配置，即两套保护的交直流回路、电压回路、跳闸回路都相互独立。两套主保护宜采用光纤通道。

双重化配置的线路保护每套保护只作用于断路器的一组跳闸线圈。

线路主保护、后备保护均启动断路器失灵保护。

2）每 1 套 220（330）kV 线路保护均应含重合闸功能。

3）分相操作的断路器应按断路器配置非全相保护，保护回路应采用断路器本体的保护实现。每台断路器宜配置分相操作箱，操作箱应适应双跳闸线圈。

（2）220（330）kV 母线保护。

220（330）kV 母线应按远景配置两套母线保护，失灵保护功能宜集成在每套母线保护中，每套线路（或主变压器）保护动作各启动 1 套失灵保护。

（3）故障录波装置。

根据系统规模以及相应故障录波量的要求，配置故障录波装置。

（4）保护及故障信息管理子站系统。

220kV 及以上电压等级升压变电站应配置 1 套保护及故障信息管理系统，用于采集并分析保护及故障信息，远传至调度端保护及故障信息主站。

（5）安全自动装置。

根据系统稳定需要配置相应安全稳定控制装置。

3. 系统继电保护、安全自动装置配置（应以接入系统审查意见为准）

二、系统调度自动化

1. 110（66）kV 等级接入

（1）远动系统。

调度管理关系宜根据电力系统概况、调度管理范围划分原则和调度自动化系统现状确定。远动信息的传输原则宜根据调度运行管理关系确定。

升压变电站内远动装置与站内计算机监控系统统一考虑，远动装置采用单套或双套冗余配置，并优先采用装置型，具有与调度通信中心计算机系统交换信息的能力，远动信息满足"直采直送"。信息传送方式按需设置，满足电网调度自动化系统的相关要求。远动信息采集范围应按电网公司《调度自动化 EMS 系统远动信息接入规定》的要求接入信息量。风电场向电网调度部门提供的信号应按国家标准《风电场接入电力系统技术规定》（GB/T 19963—2011）相关要求执行。

风电场至调度端的远动通道应具备两种通信传输方式，分别以主、备通道，并按照各级调度要求的通信规约进行通信。主通道应采用调度数据网方式。

（2）电能量计量系统。

风电场电能关口计量点宜设置在风电场升压变电站与电网的产权分界处，计量装置配置应按电网公司《关口电能计量装置配置原则》执行，关口计量点的设置最终以接入系统审查意见为准。

电能量信息采集范围：各路出线的正向、负向有功电度，正向、负向无功电度，带时标的单点信息等。

关口计量表计宜按 0.2S 级（1+1）双表配置，关口表要求至少具有双 485 口输出，可同时与其他电能表采集处理器通信，以满足电量计费信息的一致性和公开性。计量用 PT 精度为 0.2 级，CT 精度为 0.2S 级。

升压变电站内配置 1 套电能量远方终端，有关计量信息传送相关调度电能量计费系统主站。升压变电站至调度端计量通道应具备两种通信传输方式。

（3）调度数据网接入设备。

升压变电站内应配置调度数据专用网接入设备，包含交换机、路由器等，如按照双平面设计，考虑实时、非实时传输，需装设 2 套设备，并根据电网公司调度数据网规划所确定的技术体制、网络结构组网。

（4）二次安全防护设备。

升压变电站内二次系统安全防护应满足《电力二次系统安全防护规定》（国家电力监管委员会第 5 号令）的有关要求。

2. 220（330）kV 等级接入

（1）远动系统。

调度管理关系宜根据电力系统概况、调度管理范围划分原则和调度自动化系统现状确定。远动信息传输原则宜根据调度运行管理关系确定。

风电场升压变电站远动装置与站内计算机监控系统统一考虑，远动装置应双套冗余配置，并优先采用装置型，具有与调度通信中心计算机系统交换信息的能力，远动信息满足"直采直送"。信息传送方式按需要设置，满足电网调度自动化系统的有关要求。远动信息采集范围应按电网公司《调度自动化 EMS 系统远动信息接入规定》的要求接入信息量。风电场向电网调度部门提供的信号应按国家标准《风电场接入电力系统技术规定》（GB/T 19963—2011）相关要求执行。

风电场至调度端的远动通道应具备两种通信传输方式，分别以主、备通道，并按照各级调度要求的通信规约进行通信。主通道应采用调度数据网方式。

（2）电能量计量系统、调度数据网接入设备及二次安全防护设备的设计原则与 110（66）kV 等级接入电力系统的设计原则一致。

（3）相量测量装置（PMU）。

对接入 220kV 及以上电压等级的风电场应配置 1 套功角测量系统（PMU），配置装置的测量量应满足系统要求及本期工程范围的相量信息，并装设数据集中处理单元、授时单元等设备。风电场同步相量测量信息采用网络接口，通过调度数据网上送信息。

三、升压变电站自动化系统

升压变电站自动化系统采用计算机监控系统，设计原则及设备配置详见表 2-5-6。

表 2-5-6　　　　　　　　　计算机监控系统的设计原则及设备配置

	110（66）kV 升压变电站	220kV（330kV）升压变电站
设计原则	（1）计算机监控系统的设备配置和功能要求按变电站无人值班少人值守设计	（1）计算机监控系统设备配置和功能要求按变电站无人值班少人值守设计，330kV 变电站按有人值班设计
	（2）监控系统采用开放式分层分布式结构。站控层主要设备及网络设备采用单套（或冗余）配置	（2）监控系统采用开放式分层分布式结构。站控层主要设备及网络设备采用冗余配置、热备用的工作方式
	（3）升压变电站内微机五防闭锁功能由计算机监控系统完成	（3）站内操作闭锁功能由微机五防闭锁系统完成
	（4）以计算机监控系统为唯一监控手段，就地测控装置上保留断路器的应急一对一后备操作手段	
	（5）远动和当地监控信息统一采集，远动信息直采直送，并通过远动工作站与各级调度通信	
	（6）站控层设备按全站最终规模配置，间隔层设备按本期规模考虑	
系统设备配置	1. 硬件配置 （1）站控层设备：含主机兼操作员工作站、远动通信设备、公用接口装置、网络设备等，其中主机兼操作员工作站和远动通信设备均按单套或双套配置。 （2）网络设备：含网络交换机、光/电转换器、接口设备和网络连接线、电缆、光缆及网络安全设备等。 （3）间隔层设备：含测控单元、与站控层网络的接口装置等	1. 硬件配置 （1）站控层设备：含主机、操作员站、工程师站（330kV 配置）、公用接口、远动通信设备等；其中主机、操作员站、远动通信设备按双机冗余配置。 （2）网络设备：含网络交换机、光/电转换器、接口设备和网络连接线、电缆、光缆及网络安全设备等；站控层以太网及其接口设备按双网冗余配置。 （3）间隔层设备：含测控单元、与站控层网络的接口装置等
	2. 系统结构 （1）设备结构：站控层、间隔层设备。 （2）网络结构：间隔层测控装置采用直接上站控层网络的方式，通过站控层以太网直接与站控层设备通信。在站控层及网络失效的情况下，间隔层应能独立完成就地数据采集和控制功能	2. 系统结构 （1）设备结构：站控层设备、间隔层设备。 （2）网络结构：间隔层测控装置采用直接上站控层网络的方式，通过站控层双以太网直接与站控层设备通信。在站控层及网络失效的情况下，间隔层应能独立完成就地数据采集和控制功能
	3. 软件配置软件系统 包括：系统软件、支撑软件、应用软件、通信接口软件等。监控系统主机应采用安全的 Unix 或 Linux 操作系统	
	4. 系统功能 功能：实时数据采集与处理；数据库的建立与维护；控制操作和同步检测；电压—无功自动调节；报警处理；事件顺序记录；画面生成及显示；在线计算及制表；电能量处理；远动功能；时钟同步；人-机联系；系统自诊断与自恢复；与其他设备接口；运行管理功能等	

四、元件保护及自动装置

1. 主变压器保护

主变压器保护的配置原则及技术要求见表2-5-7。

表 2-5-7　　　　　　　　主变压器保护配置原则及技术要求一览表

项目	110（66）kV 升压变电站	220（330）kV 升压变电站
配置原则	（1）装设纵联差动保护作为主保护。 （2）高压侧装设复合电压闭锁过流保护，延时断开变压器各侧断路器。 （3）低压侧配置时限速断、复合电压闭锁过流保护。保护为二段式，第一段第一时限断开低压侧分段，第二时限断开本侧断路器；第二段第一时限断开分段断路器，第二时限断开本侧断路器，第三时限断开主变压器各侧断路器。 （4）高压侧装设零序电流保护。保护为二段式，第一段延时断开本侧断路器，第二段延时断开主变各侧断路器。 （5）高压侧中性点应装设间隙电流保护、零序电压保护，延时断开主变压器各侧断路器	（1）装设纵联差动保护作为主保护。 （2）220kV 变压器高压侧配置复合电压闭锁过流保护，保护为二段式，第一段延时断开本侧断路器，第二段延时断开主变压器各侧断路器。 330kV 变压器高压侧配置带偏移特性的阻抗保护，设置一段两时限，第一时限断开本侧断路器，第二时限断开主变压器各侧断路器。 （3）低压侧装设电流速断保护设两个时限，经短延时断开低压分段，第二时限断开本侧断路器。或低压侧装设复合电压闭锁过流保护，设三个时限，第一时限断开低压分段，第二时限断开本侧断路器，第三时限断开变压器各侧断路器。 （4）高压侧设零序电流保护。保护为二段式，第一段延时断开本侧断路器，第二段延时断开主变压器各侧断路器。 （5）高压侧中性点装设间隙零序电流和零序电压保护，经延时断开变压器各侧断路器。 （6）保护装置应具有启动高压侧断路器失灵保护，动作后断开各断路器的功能
主变压器保护技术要求	（1）主变压器微机保护可按主、后分开单套配置。主保护、后备保护宜引自不同电流互感器二次绕组。 （2）主变压器微机保护也可采用主后一体双套装置，每套保护分别引自不同的电流互感器二次绕组。 （3）主变压器应配置独立的非电量保护。非电量保护应设置独立的电源回路（包括直流空气小开关及其直流电源监视回路）和出口跳闸回路，且与电气量保护完全分开，在保护屏上的安装位置也相对独立	（1）主变压器微机保护按双重化配置电气量保护和1套非电气量保护。 （2）采用两套完整主、后备保护装置，装置交、直流电源相互独立，且单独组屏。 （3）主变压器非电量保护应独立电源和出口跳闸回路，且与电气量保护完全分开，在保护屏上的安装位置也相对独立。 （4）两套完整电气量保护跳闸回路应与断路器两个跳圈分别对应，非电量保护跳闸回路应同时作用于断路器两个跳闸线圈。非电量保护动作不起动失灵保护。 （5）当断路器采用分相机构时，非全相保护由断路器本体机构实现。 （6）主变动作于220kV（330kV）断路器电气量保护动作应具备起动失灵保护及解除失灵保护复合电压闭锁功能

2. 35kV 线路、动态无功补偿间隔断路器、分段、站用（兼接地）变测控保护

按中国华能集团公司《风电场工程设计导则》相关部分执行。

3. 35kV 母线保护

35kV 母线应配置1套母线保护装置。

4. 动态无功补偿装置保护

动态无功补偿装置内部的保护、控制由动态无功设备厂家成套提供。

5. 电能质量在线监测装置

风电场应配置电能质量在线监测装置，对风电场可能引起的电压偏差、频率偏差、三相不平衡度、负序电流谐波、闪变和电压波动进行在线监测。

6. 风功率预测系统

风电场应配置 1 套风功率预测系统。风功率预测系统应具有 0～48h 短期风功率预测及 15min～4h 超短期风功率预测功能，且能根据调度部门要求向上级调度机构风电功率预测系统上报次日 96 点风电功率预测曲线；每 15min 上报一次未来 4h 超短期预测曲线，预测值时间分辨率不小于 15min。

7. 无功电压控制系统（AVC 子站）

风电场应配置 1 套无功电压控制系统（AVC 子站）。能根据 AVC 主站调度指令，自动调节无功功率，实现对并网点电压的控制，并保证协调性和快速性。

8. 有功功率控制系统（AGC 子站）

风电场应配置 1 套有功功率控制系统，具备有功功率调节能力、参与电力系统调频、调峰和备用的能力。

五、直流系统及 UPS 交流不停电电源系统

1. 直流系统

升压变电站操作直流系统宜采用 220V。

（1）110kV（66kV）、220kV（330kV）站内蓄电池容量、组数及直流系统接线型式按中国华能集团公司《风电场工程设计导则》相关部分执行。

（2）110kV（66kV）、220kV 升压变电站充电装置型式及台数按照中国华能集团公司《风电场工程设计导则》相关部分执行。充电模块按 N+1 原则配置。330kV 升压变电站宜配置 3 套高频开关充电装置，模块为 N+1 配置。

（3）直流系统供电方式。

1）110kV（66kV）升压变电站直流系统可不设置直流分电屏，采用直流系统屏一级供电方式。

2）220kV（330kV）升压变电站直流系统宜采用主、分电屏两级供电方式。可不设直流分电屏，采用直流系统屏一级供电。

3）二次设备室的测控、保护、故障录波、自动装置等设备采用辐射式供电方式，35kV 开关柜直流网络采用环网供电方式。

2. UPS 交流不停电电源系统

升压变电站配置 UPS 交流不停电电源系统的原则，按照中国华能集团公司《风电场工程设计导则》相关部分执行。

六、其他辅助二次系统

1. 图像监视及安全警卫系统、火灾自动报警系统

升压变电站内设置图像监视及安全警卫系统、火灾自动报警系统均按中国华能集团公司《风电场工程设计导则》相关部分执行。

2. 全站时间同步系统

升压变电站宜配置 1 套公用的时间同步系统，高精度时钟源宜双重化配置，另配置扩展装置实现站内所有对时设备的软、硬对时。时钟源近期以 GPS 为基础，条件具备时宜采用 GPS 与北斗系统等空基时钟源互备方式。该系统宜具有与地基时钟源接口的能力。

（1）时间同步系统对时范围：监控系统站控层设备、保护及故障信息管理子站、保护装置、测控装置、故障录波装置、安自装置等。

（2）时间同步系统技术要求

1）主时钟宜采用高精度高稳定性时钟装置。

2）精确度和稳定度应满足：时间同步精度指标要优于 1μs；时间同步的稳定度在标准中以授时指标方式提出，具体指标为优于 55μs/h。

3）主时钟应提供通信接口，负责将装置运行情况、锁定卫星的数量、同步或失步状态等信息上传，实现对时间同步系统的监视及管理。

七、风电场电气二次

风电场集中监控中心或升压变电站主控制室应具有对风机升压变进行可靠、合理、完善的监视、控制、测量功能，该功能由风机监控系统实现。

风机升压变的遥控、遥信、遥测量信号采用 I/O 无源空接点和交/直流采样方式送至风机现地柜内的 PLC，由风电场风机监控系统光纤通信网络将数据传输到风机监控系统的集中监控上位机，以使得风机监控系统按要求实现完成此功能。在风机技术规范书应分别提出要求接收风机升压变遥控、遥信、遥测量外传信号的数量，外传信号量可参考表 2-5-8。

表 2-5-8　　　　　　　　　　风机升压变遥控、遥信、遥测量参考表

		名称	规格	数量至少为
故障信号	遥信量	轻瓦斯报警	220V 无源接点	1 常开
		油温超高报警	220V 无源接点	1 常开
		油温过高报警	220V 无源接点	1 常开
		油温超高跳闸	220V 无源接点	1 常开
		UPS 电源故障	220V 无源接点	1 常开
		压力释放报警	220V 无源接点	1 常开
		油位低报警	220V 无源接点	1 常开
		油位低跳闸	220V 无源接点	1 常开
		重瓦斯跳闸	220V 无源接点	2 常开
		重瓦斯动作报警	220V 无源接点	1 常开
		油温过高跳闸	220V 无源接点	2 常开
		压力释放阀动作	220V 无源接点	2 常开
运行信号	遥信量	高压侧负荷开关位置	220V 无源接点	2 常开，2 常闭
		高压侧熔断器熔断位置	220V 无源接点	2 常开，2 常闭
		接地开关位置	220V 无源接点	1 常开，1 常闭
		低压侧断路器位置	220V 无源接点	2 常开，2 常闭
		高压侧带电显示器有无压	220V 无源接点	1 常开，1 常闭
		箱变各室门开信号	220V 无源接点	各 1 常开，1 常闭
		高、低压侧电源消失信号	220V 无源接点	各 1 常开，1 常闭
	遥测量	箱变油温	4～20mA	
		箱变低压侧三相电流		
		箱变低压侧三相电压		
开关位置	遥控信号	低压断路器合闸	220V 无源接点	2 常开，2 常闭
		低压断路器分闸	220V 无源接点	2 常开，2 常闭
		高压负荷开关合闸	220V 无源接点	2 常开，2 常闭
		高压负荷开关分闸	220V 无源接点	2 常开，2 常闭

八、系统及站内通信

根据接入系统设计报告和接入系统设计审查意见进行风电场升压变电站的通信系统设计。

1. 系统通信

（1）通信传输网应按照经过审批的接入系统报告设计，SDH 设备型号应与原传

输网保持一致，软件版本应保持兼容，重要板卡宜冗余配置。

（2）光纤链路的设备群路光口宜采用 1+1 配置。

（3）复用保护的光通信设备，保护宜用 2Mbit/s 接口。

（4）一回线路的两套纵联保护均复用通信专用光端机时，应通过两套独立光通信设备传输，每套光通信设备按照最多传送 8 套线路保护信息设计。

（5）光缆类型以 OPGW 为主，光缆纤芯类型宜采用 G.625 光纤。

2. 站内通信

（1）行政管理及调度通信。

站区内设置一定数量的检修、行政和调度电话，宜选用系统调度、站内调度和行政电话合用的 1 套数字程控调度交换机。

（2）对外通信。

租一路市话及中继电路作为风电场对外通信和调度通信的备用。

（3）通信机房。

一般不单独设置通信机房，通信设备的布置与升压变电站二次设备统筹考虑，特殊情况的升压（汇集）站除外。

（4）综合布线系统。

升压变电站内的生活楼，应设置电视、电话及网络系统。电视采用有线电视网或卫星电视。

3. 通信电源

（1）一般风电场变电站（50MW 规模）通信电源系统按照两套高频开关电源、一组蓄电池组考虑。重要风电场变电站（100MW 规模）通信电源系统按照两套高频开关电源、两组蓄电池组考虑配置。

（2）每组专用蓄电池容量应满足按照实际负荷放电不少于 8h 的要求，高频开关电源的容量和蓄电池的容量根据工程计算配置。

根据系统通信设备和站内通信的通信电源负荷，选择–48V 通信电源容量；220kV 及以上升压变电站宜配置 2 套通信电源，220kV 以下升压变电站宜配置 1 套通信电源，每套容量应满足实际负荷放电至少 8h 的要求。每组蓄电池容量 300Ah 以下可单独组屏。

（3）通信电源的交流电应由能自动切换的、可靠的、来自不同所用电母线段的双回路交流电源供电，当所用电母线只有一段时，通信电源可引自站内不同回路的两个电源。

（4）高频开关电源设备应具有完整的防雷措施、智能监控接口、主告警输出空接点。

（5）传输同一输电线路的同一套继电保护信号的所有通信设备，应接入同一套电源系统。

（6）传输同一输电线路的两套继电保护信号的两组通信设备，应接入两套电源系统。

（7）当采用交直流一体化电源或者 DC/DC 变换装置供电，每套 DC/DC 转换设备输出容量供电时间不小于 2h。

（8）通信电源设备所需交流电源，应采用双回路交流电源供电，并具有自动切换功能。通信电源应具有完整的防雷措施，应具有 RS-485 通信接口将信息上送至站内监控系统，通信电源重要信息同时通过硬接点方式接入站内监控系统。

4．远程集控通信

根据风电场实际情况，充分利用现有资源，使整个远程集控通信可靠、安全运行，实现可靠的通道切换及故障报警。

风电场通信通道宜采用以下方式实现通信：电网专用通道方式（主通信），电信网络通道方式（热备用）。

第六章

土 建 工 程 设 计

第一节　风电机组基础设计

一、一般规定

（1）风电机组地基基础主要按《风电机组地基基础设计规定（试行）》（FD 003—2007）设计。对于湿陷性土、多年冻土、膨胀土和处于侵蚀环境、受温度影响的地基等，尚应符合国家现行有关标准的要求。

（2）风电机组地基基础的设计采用极限状态设计方法，荷载和有关分项系数的取值应符合相关规定，以保证在规定的外部条件、设计工况和荷载条件下，使风电机组地基基础在设计使用年限 50 年内安全、正常工作。

（3）地基基础按风电机组的单机容量、轮毂高度和地基复杂程度划分基础设计等级：单机容量大于 1.5MW 或轮毂高度大于 80m 或复杂地质条件均为 1 级；单机容量小于 0.75MW、轮毂高度小于 60m 或简单地质条件的岩土地基为 3 级；介于 1 级、3 级之间的地基基础为 2 级。

（4）风电机组地基基础设计应符合下列规定：

1）所有风电机组地基基础均应满足承载力、变形和稳定性的要求；

2）1 级、2 级风电机组地基基础，均应进行地基变形计算；

3）3 级风电机组基础，一般可不作变形验算，但地基承载力特征值小于 130kPa 或压缩模量小于 8MPa、软土等特殊情况除外。

（5）在与地基承载力、基础稳定性有关的计算中，上部结构传至塔筒底部与基础环交界面的荷载应考虑安全系数标准值（k_0=1.35）。

（6）对地震基本烈度为 7 度及以上且场地为饱和砂土、粉土的地区，应根据地基土振动液化的判别成果，通过技术经济比较采取稳定基础的对策和处理措施；抗震设防烈度为 9 度及以上，或参考风速超过 50m/s（相当于 50 年一遇极端风速超过 70m/s）的风电场，其地基基础设计应进行专门研究。

（7）受洪（潮）水或台风影响的地基基础应满足防洪要求，洪（潮）水设计标准应符合《风电场工程等级划分及设计安全标准》（试行）（FD 002—2007）的规定。对可能受洪（潮）水影响的地基基础，在基础周围一定范围内应采取可靠永久防冲防淘保护措施。

风力发电机组基础的防洪标准应符合表 2-6-1 的规定。

表 2-6-1　　　　　　　　　　风力发电机组基础的防洪标准

地基基础设计级别	1（单机容量大于 1.5MW 或轮毂高度大于 80m 或复杂地质条件或软土地基）	2、3（单机容量小于 1.5MW，且轮毂高度小于 80m，且简单岩土地基）
防洪重现期（年）	50～30	30～10

（8）资料收集：应收集风机基础荷载（包括正常运行荷载、极端工况荷载、地震作用、疲劳荷载等）、基础环、基础环支架、基础埋管、上部结构（包括叶轮、机舱、塔筒等）质量、上部结构高度、结构自振频率、结构阻尼比、水平度要求等资料。

二、荷载、效应组合及分项系数

（1）风电机组基础所受荷载大小主要取决于风场等级、风电机组机型和安装高度、设计安全风速、抗震设防基本烈度等因素。

（2）根据作用于风机基础上荷载随时间变化的情况，荷载可分为三类：永久荷载（如上部结构传来的竖向力、基础自重、回填土重等）、可变荷载（如上部结构传来的水平力，水平力矩、扭矩、多遇地震作用等）、偶然荷载（罕遇地震作用）等。

（3）根据作用在风机基础可能同时出现的荷载，按极端荷载工况、正常运行工况、多遇地震工况、罕遇地震工况、疲劳强度工况等进行荷载组合，并按最不利效应组合进行设计。

（4）风电机组基础各控制工况的设计荷载标准值应由风电机组制造厂按风电场

的外部条件和设计要求提供。

（5）地基基础设计时应将同一工况两个水平方向的力和力矩分别合成为水平合力 F_{rk}、水平合力矩 M_{rk}，并按单向偏心计算。

（6）按地基承载力确定扩展基础底面积及埋深或按单桩承载力确定桩基础桩数时，荷载效应应采用标准组合，且上部结构传至塔筒底部与基础环交界面的荷载标准值，应按相关要求修正为荷载修正标准值。扩展基础的地基承载力采用特征值，且可按基础有效埋深和基础实际受压区域宽度进行修正。桩基础单桩承载力采用特征值，并按《建筑桩基技术规范》（JGJ 94—2008）确定。

（7）计算基础（桩）内力、确定配筋和验算材料强度时荷载效应应采用基本组合，上部结构传至塔筒底部与基础环交界面的荷载设计值，由荷载标准值乘以相应的荷载分项系数。

（8）基础抗倾覆和抗滑稳定的荷载效应应采用基本组合，但其分项系数可均取为 1.0，且上部结构传至塔筒底部与基础环交界面的荷载标准值，应采用荷载修正标准值。

（9）验算地基变形、基础裂缝宽度和基础疲劳强度时，荷载效应应采用标准组合，上部结构传至塔筒底部与基础环交界面的荷载直接采用荷载标准值。

（10）多遇地震工况地基承载力验算时，荷载效应应采用标准组合；截面抗震验算时，荷载效应应采用基本组合。

（11）罕遇地震工况下，抗滑稳定和抗倾覆稳定验算的荷载效应应采用偶然组合。

三、地基分类与处理

1. 地基分类与基础选型

A 类：地形条件稳定，浅表地层均匀、承载力较高，非液化土层、软弱下卧层埋深较厚的土基和地质条件简单（岩层层面较平、结构面不发育、力学性质稳定）的岩基。一般而言，当风电机组基础坐落于地基承载力特征值大于 160～180kPa、压缩模量大于 10MPa 的砂土或全（强）风化土上，且地下水位较低，则可考虑采用扩展基础。岩石较好的地基可采用锚杆基础。

B 类：软弱地基，指主要由淤泥、淤泥质土、冲填土、杂填土或其他高压缩性土层构成的地基。此类地基适合桩基础及复合地基，沿海以粉细砂及淤泥质土为主优先采用打入桩及钻孔灌注桩，预制打入桩中有条件时，优先采用预应力高强混凝土管桩（PHC）。较深地基土标贯击数较高（黏性土大于 20 击、砂土大于 40 击）的地区宜优先采用钻孔灌注桩。

C 类：浅表地层承载力较低，土质松散、厚度较大，难以挖除、不宜采用天然地基，但下卧层条件较好，本类地基宜优先选用复合地基，如 CFG 桩、水泥搅拌桩、碎石桩、旋喷桩等复合地基。

D 类：特殊、复杂地基，如岩基结构面发育、地层不稳定、膨胀土、湿陷性土、可液化土、欠固结土、盐渍岩土、污染土等须进行特殊处理的地基。特殊、复杂地基不宜作风电机组的地基，或要采取相应的特殊措施。

E 类：岩溶、滑坡、危岩和崩塌、泥石流、采空区、地面沉降、活动断裂带等不良地质区域不应作为风电机组地基。

2. 地基承载力验算及变形控制

地基承载力特征值应有载荷试验或其他原位测试、公式计算及结合实践经验等方法综合确定。

基础整体沉降其变形允许值可按《风电机组地基基础设计规定（试行）》（FD 003—2007）进行控制。

风机基础承受的倾覆力矩大，且较长时间地固定在某个方向（风能的主导方向），造成基底地基长时间处于某个方向上的大偏心受压状态，这样必将导致基础较大的不均匀沉降（倾斜）。因此在风机基础设计过程中，应与风机厂家充分沟通，并根据风机厂家具体机型的工作特性以及相关要求，在充分发挥风机效率的同时，经济合理的确定基础的型式和大小，并采取其他有效的措施，达到减小基础不均匀沉降的目的。

为将风机基础的倾斜度控制在一个合理的范围内，设计过程中应根据地基土的土工试验压缩曲线，合理的确定基础类型和底面积，控制地基土压力处于弹性变形范围内，避免地基土产生较大、不可恢复的塑性变形。

3. 地基稳定性控制

风机基础的稳定验算主要包含抗滑验算和抗倾覆验算。

4. 软土地基处理方法

（1）地基处理方法一般可采用密实法、置换法和灌浆法。

（2）确定地基处理方案前应进行现场试验，检查方案的可行性后，方可进行地基处理的施工图设计与施工。

（3）软土地基处理有多种方法，可采用单种或多种方法相结合。方案选择应根据地质、工期、造价等具体情况，经技术经济比较，采用最优方案。地基处理后应进行静力稳定计算。竣工后的总沉降量和不均匀沉降应不影响风电机组基础的安全运用。

（4）一般复合地基应写明复合地基的做法，包括材料、复合桩直径、深度、布置方式，间距等和复合地基的承载力标准值。

（5）若采用强夯，加载预压，换土垫层等地基处理方法，应写明相应的地基设计参数。

5. 风力发电机组基础不宜建于土岩组合地基上

若出现土岩组合地基情况，优先考虑移动风机机位，即将风机机位移向全为土体（或者全为岩体）一侧。若无法移动风机机位，则需采取适宜的地基处理措施。

四、基础选型及验算

1. 风机基础选型

风电机组基础型式主要有重力式扩展基础、桩基础和岩石锚杆基础，具体基础型式的采用应根据建设场地地基条件和风电机组上部结构对基础的要求，以及施工条件、经济合理、安全适用、施工方便、技术经济指标等进行全面综合考虑后确定。

2. 基础埋深

需要根据抗倾覆、土层结构、地下水位和冻土深度等各种因素综合确定，合理确定基础埋深。

风机基础应坐落在老土层上，季节性冻土地区基础埋深宜大于场地标准冻土深度。

3. 风机基础验算

（1）地基承载力计算。

$$压应力 \ p_k（轴心荷载（kPa）<f_a$$

$$压应力 \ p_{kmax}（偏心荷载）（kPa）<1.2f_a$$

$$偏心距 \ e/基础底面半径 \ R（控制脱空面积）<0.43（0.25）$$

（2）地基受力层范围内软弱下卧层的承载力验算。

（3）基础的抗滑、抗倾覆稳定等验算。

$$抗滑稳定 \ k_F \geqslant 1.3$$

$$抗倾覆稳定 \ k_{M'} \geqslant 1.6$$

（4）基础沉降和倾斜变形验算。

$$地基沉降量值 s（mm）<100$$

$$地基倾斜率 \tan\theta<0.005$$

（5）基础的裂缝宽度。

（6）基础（桩）内力、配筋和材料强度验算。

（7）有关基础安全的其他计算，如基础动态刚度和抗浮稳定等。

（8）采用桩基础时，计算和验算还应符合《混凝土结构设计规范》（GB 50010—2010）和《建筑桩基技术规范》（JGJ 94—2008）。

五、重力式扩展基础设计

（1）风电机组的扩展基础一般指由台柱和底板组成的钢筋混凝土独立基础，包括坐落于天然地基和复合地基上的两种。

（2）扩展基础本身应有足够的强度、刚度和耐久性，地基应有足够的承载力，且不产生超过上部结构安全和正常使用所允许的变形。

（3）基础结构型式及体型

风电机组扩展基础一般设计为大块体结构，扩展基础底面宜设计为圆形或正八边形等轴对称形状，以充分发挥材料自身强度。

（4）扩展基础应满足地基承载力、变形及稳定性相关规范要求。另外，基底允许脱开面积均应满足表 2-6-2 的要求。如不满足要求应采取加大基础底面积或埋深等措施。

表 2-6-2   各计算工况基底允许脱开面积指标

计算工况	基底脱开面积 A_T/基底面积 A（100%）
正常运行荷载工况、多遇地震工况	不允许脱开
极端荷载工况	25%

六、岩石锚杆基础设计

（1）当地基为新鲜、完整的岩体时，可采用岩石锚杆基础。

（2）岩石锚杆基础的稳定性应根据工程地质和水文地质条件进行抗滑、抗倾覆、抗浮稳定计算。抗滑稳定计算应根据地质条件分别进行沿基础底面和地基深层结构面的稳定计算。

（3）岩石锚杆基础抗倾覆稳定计算中，基础所承受的倾覆力矩由锚杆和基础本身自重（含上部竖向荷载）共同承担。抗滑、抗浮稳定计算中，基础抗滑、抗浮力不足部分由锚杆承担。

七、桩基础设计

（1）桩基应根据具体条件分别进行下列承载力计算和稳定计算：

1）应根据桩基的使用功能和受力特征分别进行桩基的竖向承载力计算和水平承载力计算。

2）应对桩身和承台结构承载力进行计算，对于桩侧土不排水抗剪强度小于10kPa 且长径比大于 50 的桩，应进行桩身压屈验算；对于混凝土预制桩，应按吊装、运输和锤击作用进行桩身承载力验算；对于钢管桩，应进行局部压屈验算。

3）当桩端平面以下存在软弱下卧层时，应进行软弱下卧层承载力验算。

4）对位于坡地、岸边的桩基，应进行整体稳定性验算。

5）对于抗浮、抗拔桩基，应进行基桩和群桩的抗拔承载力计算。

6）对于抗震设防区的桩基，应进行抗震承载力验算。

7）应验算其整体水平位移。

（2）符合下列条件之一的桩基，当桩周土层产生的沉降超过基桩的沉降时，在计算基桩承载力时，应计入桩侧负摩阻力：

1）桩穿越较厚松散填土、自重湿陷性黄土、欠固结土、液化土层进入相对较硬土层时；

2）桩周存在软弱土层，邻近桩侧地面承受局部较大的长期荷载，或地面大面积堆载（包括填土）时；

3）由于降低地下水位，使桩周土有效应力增大，并产生显著压缩沉降时。

（3）应根据桩基所处的环境类别和相应的裂缝控制等级，验算桩和承台正截面的抗裂和裂缝宽度。

（4）桩基结构的耐久性应根据设计使用年限、现行国家标准《混凝土结构设计规范》（GB 50010—2002）的环境类别规定以及水、土对钢、混凝土腐蚀性的评价进行设计。

（5）桩身裂缝控制等级及最大裂缝宽度应根据环境类别和水、土介质腐蚀性等级按表 2-6-3 规定选用。

表 2-6-3　　　　　　　　桩身的裂缝控制等级及最大裂缝宽度限值　　　　　　　　mm

环境类别		钢筋混凝土桩		预应力混凝土桩	
		裂缝控制等级	ω_{lim}	裂缝控制等级	ω_{lim}
二	a	三	0.2（0.3）	二	0
	b	三	0.2	二	0
三		三	0.2	一	0

注　1. 水、土为强、中腐蚀性时，抗拔桩裂缝控制等级应提高一级。

　　2. a 类环境中，位于稳定地下水位以下的基桩，其最大裂缝宽度限值可采用括弧中的数值。

（6）单桩竖向极限承载力标准值、极限侧阻力标准值和极限端阻力标准值的确定应符合下列规定：

1）单桩竖向静载试验应按现行行业标准《建筑基桩检测技术规范》（JGJ 106—2003）执行。

2）对于大直径端承型桩，也可通过深层平板（平板直径应与孔径一致）载荷试验确定极限端阻力。

3）对于嵌岩桩，可通过直径为 0.3m 岩基平板载荷试验确定极限端阻力标准值，也可通过直径为 0.3m 嵌岩短墩载荷试验确定极限侧阻力标准值和极限端阻力标准值。

4）桩的极限侧阻力标准值和极限端阻力标准值，宜通过埋设桩身轴力测试元件由静载试验确定。并通过测试结果建立极限侧阻力标准值和极限端阻力标准值与土层物理指标、岩石饱和单轴抗压强度以及与静力触探等土的原位测试指标间的经验关系，以经验参数法确定单桩竖向极限承载力。

（7）工程桩应进行承载力和桩身质量检验。

（8）有下列情况之一的桩基工程，应采用静荷载试验对工程桩单桩竖向承载力进行检测，检测数量应根据桩基设计等级、本工程施工前取得试验数据的情况，按行业标准《建筑基桩检测技术规范》（JGJ 106—2003）确定：

1）工程施工前已进行单桩静载试验，但施工过程变更了工艺参数或施工质量出现异常时；

2）施工前工程未进行单桩静载试验的工程；

3）地质条件复杂、桩的施工质量可靠性低；

4）采用新桩型或新工艺。

八、基础沉降观测

（1）基础施工前须设置永久性沉降观测基准点，作为沉降观测用。基点设置以保证其稳定可靠为原则，位置应靠近风机基础，但距离风机基础外边缘不小于40m（基础沉降影响范围之外），在一个观测区内，基准点不应少于2个。

（2）基础沉降观测点一般设置在基础承台上以便于观测，1台风机基础宜均匀布置4个沉降观测点，沉降观测点也可布置于台柱之上或置于基础边缘，观测点应做相应保护措施且宜高出地面10cm。

（3）沉降观测应从基础浇筑开始，施工期间观测次数不少于四次，竣工后第一年每隔2个月观测一次，以后每隔4个月观测一次。

（4）基础沉降应满足风机制造厂家对风机基础有关沉降的要求。

九、材料选用

混凝土：基础混凝土C40～C45；垫层混凝土C15～C20。

钢筋：-HPB300，-HRB400。

钢材：钢结构的钢材宜采用Q235B碳素结构钢和Q345B低合金高强度结构钢。

风机基础混凝土强度等级宜采用C40。

软土地基垫层宜加厚并采用C20。

为防止大体积混凝土的水化热温度过高，产生温度裂缝，混凝土中宜添加混凝土外加剂，混凝土中掺用外加剂的质量及应用技术应符合现行国家标准《混凝土外加剂》（GB 8076—2008）、《混凝土外加剂应用技术规范》（GB 50119—2003）等的规定。

第二节 箱式变压器基础设计

一、设计资料

箱式变压器设计所需资料：箱变生产厂家提供的设计荷载及安装图、风场地质及水文条件等。

二、箱式变压器基础设计

结构型式：根据地下水位、冻土深度、地基承载力、交通情况等采用不同的布置和结构型式。一般采用空箱结构，地下水位低时可采用砌体结构，基础可为筏板或条形基础；地下水位较高时优先采用钢筋混凝土箱体结构。

塔筒外独立布置的机组变压器与塔筒之间的距离不应小于 10m。

当征地困难或滩涂等地基条件差的地区，安全距离不满足要求时，经相关专家认定后，也可直接将箱变架在风机基础布置的结构平台上。

箱式变压器基础设计应满足稳定、承载、变形的要求。另外根据需要设围栏、踏步、通风孔、爬梯及网窗，同时预留电缆穿线孔。

三、材料选用

混凝土：基础混凝土 C25；垫层混凝土 C15。

钢筋：-HPB300，-HRB400。

钢材：钢结构的钢材宜采用 Q235B 碳素结构钢和 Q345B 低合金高强度结构钢。

墙体：砌体或钢筋混凝土。

第三节　升压站总平面

一、总平面布置

（1）根据电气提出的总平面布置方案，结合场地自然条件和地形特点，进行站址和总平面布置，总平面布置应紧凑合理、必须坚持节约用地的原则。

总平面布置结合站区的总体规划及电气工艺的要求进行布置。在满足自然条件和工程特点的前提下，应考虑安全、防火、运行、检修、交通运输、环境保护等各方面的要求。

总平面布置宜遵循变电区和办公生活区分开布置原则。

（2）升压变电站的总平面布置应按最终规模进行规划设计，并宜考虑分期实施的可能。土地宜采用一次性征用，统一规划，分期建设。改建、扩建升压变电站的设计，应充分利用现有设施，并应减少改建、扩建工程施工对生产的影响及原有建筑设施的拆迁。

（3）总平面布置必须满足河湖水线蓝线、城市绿化绿线、高压走廊黑线、文物保护紫线、微波通道橙线等的退让要求。

（4）建筑布局应根据地域气候特征，防止和抵御寒冷、暑热、疾风、暴雨、积雪和沙尘等灾害侵袭。建筑单体应考虑安全及防灾（防洪、防涝、防海啸、防震、防滑坡等）措施。

（5）高压架空线路的出线方向及采用敞开式布置的高压配电装置与主变压器宜布置在进升压变电站大门的背面与侧面，避免在进升压变电站大门的正面。主控制楼应布置在便于运行人员巡视检查、观察各级户内外电气设备和减少电缆长度、避开噪声影响的位置，宜位于配电装置一侧。

（6）总平面中建、构筑物，定位应以测量地形图坐标定位：其中建筑物以轴线定位；有弧线的建筑物应标注圆心坐标及半径；道路、管线以中心线定位。如以相对尺寸定位时，建筑物以外墙面之间距离尺寸标注。

二、竖向设计

1. 竖向布置

站区土（石）宜达到挖、填方总量基本平衡，包括：站区场地平整、建筑物基础及地下设置基槽余土、站内道路、防排洪设施等的土（石）工作量。

站区自然地形坡度超过 5%～8%，且原有地形有明显坡度时，站区竖向布置宜采用阶梯式布置，台阶的长边宜平行于自然等高线布置，并宜减少台阶数量。

2. 场地坡度及标高

（1）主要生产建筑物室内地坪标高不低于室外地坪 0.3m，在湿陷性黄土地区，多层建筑物的室内地坪标高应高出室外地坪 0.45m。

（2）场地设计综合坡度应根据自然地形、工艺布置（主要是户外配电装置形式）、土质条件、排水方式和道路纵坡等因素综合确定。一般宜为 0.5%～2%，有可靠排水措施时，可采用 0.3%～0.5%。

户外配电装置基础宜高出室外地面 200～300mm。

（3）升压变电站区场地设计标高宜高于站外自然地面，以满足场区场地排水要求。

3. 防洪标准

风电场升压变电站防洪标准应符合表 2-6-4 的规定。

防排洪措施宜在首期工程中按规划容量统一规划，可分期实施。对位于山区的风电场升压变电站，应有防山洪和排山洪的措施，防排设施应按频率为 2%的山洪设计。

表 2-6-4   风电场升压变电站的防洪标准

电压等级（kV）	防洪重现期（年）
≥220	50～100
≤110	30～50

4. 场地排水

（1）场地排水应根据站区地形、地区降雨量、土质类别、站区竖向及道路布置，合理选择排水方式，周边无城市管网的宜采用地面自然散流渗排、雨水明沟、暗沟（管）或混合排水方式。

（2）户外配电装置场地排水应畅通，对被高出地面的电缆沟、巡视小道拦截的排水，宜采用排水渡槽或设置雨水口并敷设雨水道。

5. 站内道路

（1）站内道路布置除满足运行、检修、消防及设备安装要求外，还应符合带电设备安全间距的规定。

（2）升压站内应设置消防车道。当升压站内建筑的火灾危险性为丙类，且建筑物的占地面积超过3000m²时，或升压站等级为220kV及以上时，站内的消防车道宜布置成环形；当成环有困难，布设尽端式车道时，应设回车场或回车道。回车场的面积不应小于 12m×12m；供大型消防车使用时，不宜小于18m×18m。

（3）站内道路应结合场地排水方式选型，可采用城市型或公路型。当采用公路型时，路面宜高于场地设计标高 100mm。在湿陷性黄土和膨胀土地区宜采用城市型。

（4）站内主要环形消防道路路面宽度不应小于 4m。主变压器运输道路宽度宜采用：110kV 升压变电站 4m；220kV 升压变电站 4.5m；330kV 及以上升压变电站 5.5m。

（5）站内道路的转弯半径，一般不应小于 7m。主干道的转弯半径应根据通行大型平板车的技术性能确定，220kV 及以上升压变电站主干道的转弯半径不宜小于 9m，主变压器运输道路转弯半径不宜小于 12m。

（6）道路纵坡宜采用 0.5%～2%，有可靠排水措施时，可小于 0.5%。

（7）巡视道路宽度宜为 0.6～1m，当纵坡大于 8% 时，宜有防滑措施。

（8）站区道路路面宜采用混凝土路面。

三、建（构）筑物间距

升压变电站内各建（构）筑物及设备的防火间距应满足《变电站总布置设计技术规程》（DL/T 5056—2007）的要求。

一般相邻两座建筑较高一面的外墙如为防火墙时，其防火间距不限，但两座建筑物门窗之间的净距不小于 5m。

生产建（构）筑物侧墙 5m 以内，布置油浸变压器或可燃介质电容器等电气设备时，该墙在设备总高度加 3m 的水平线以下及设备外轮廓两侧 3m 的范围内，不应设有门窗、洞口。

建筑物外墙距设备外轮廓 5～10m 时，在上述范围内的外墙可设甲级防火门，设备高度以上可设防火窗，其耐火极限不应小于 0.9h。

四、场地硬化与绿化

（1）户外配电装置场地，宜采用碎石、卵石、灰土封闭等地坪。缺少碎石或卵石且雨水充沛地区，可适当绿化。

（2）户外配电装置区内需要巡视、操作和检修的设备，宜根据工艺要求在需要操作的范围内铺地水泥地砖。

（3）升压变电站内的空地宜培育天然草坪或人工植草绿化，根据地区特点因地制宜，根据当地土壤、自然条件、及植物生长的生态习性合理选择草种、树种，并与周围环境相协调。

（4）主入口、站前区附近宜配置观赏性和美化效果好的常年绿树、花草，以美化站区环境。

第四节　建筑设计（升压站）

一、一般规定

（1）升压变电站建筑设计应体现华能企业文化和华能风格，在站区大门及建筑入口等重要部位应设置华能企业标识。建筑设计应简洁、实用、美观，满足功能要求。在统一企业建筑风格的前提下根据地域特点进行设计，尽量采用统一的设计元素，并采用统一色系和标识。

（2）升压变电站建筑各单体工程名称宜统一，主要建筑单体名称概括如下：生产楼、综合楼（含生活楼时）、35kV 配电室、GIS 室、SVG 室、生活楼、水泵房。其余辅助建筑物，如备品备件库、车库、油品库、检修室等。

（3）建筑布局应根据地域气候特征，防止和抵御寒冷、暑热、疾风、暴雨、积雪和沙尘等灾害侵袭。建筑单体应考虑安全及防灾（防洪、防涝、防海啸、防震、防滑坡等）措施。

（4）宜将生产设备用房及办公用房相对集中布置，构成一栋集生产、运行于一体的综合建筑，并尽量采用模块化设计；各工艺专业功能相近的用房尽量合并，以节约建筑面积，便于运行管理。

（5）建筑平面整体布局及内部空间设计在满足工艺布置要求的前提下，应具有合理的柱网布置，良好的视觉效果。水平和垂直交通应通畅，建筑内的疏散楼梯及出口数量均须满足消防疏散的要求。安全疏散应便捷并满足有关长度和宽度的要求。

（6）建筑内部装修应满足工艺要求和防火要求，变压器室、配电装置室、电缆夹层、开关柜室、GIS 室、蓄电池室、继电保护室及控制室等均应采用防火门，并向疏散方向开启。

（7）尽量减小整个建筑物体量，以降低建筑物单位时间内消防用水量；宜将建筑物内防火等级较高的个别设备用房移至户外，降低整个建筑物的防火等级。

（8）特殊油品库必须单独设立，不得与备件库房等其他库房合并。

二、建筑面积标准

（1）升压变电站生产、生活用房及附属建筑，其总面积应根据风电场的规模确定，并综合考虑汇集站和区域调度中心的位置确定。

（2）当升压变电站考虑"无人值守，少人值班"的情况下，采用集中监控与监视系统时，升压变电站子站（装机容量 50MW）中的办公、生活及辅助用房总建筑面积控制在 $600m^2$ 之内，其中油品库、备件库、车库不超过 $200m^2$。

（3）升压变电站建筑面积标准参见表 2-6-5。

表 2-6-5 升压变电站建筑面积标准

项目 ＼ 装机容量（MW）	50	100	200	300
生产综合楼（m²）	1000	1200	1600	2000
生活用房（m²）	400	500	700	800
辅助用房（m²）	400	500	600	800
建筑总面积（m²）	1800	2200	2900	3600

注 1. 生产综合楼包括控制室、继电保护室、通信室、站用电高低压配电室、办公室、会议室、档案室、工具间、值班室、卫生间等。

2. 生活用房包括宿舍、食堂、娱乐室、浴室等。

3. 附属用房包括水泵房、备品备件间、车库、油品库、门卫室等。

4. 高低压配电装置户内布置时，建筑面积按设备安装要求确定。

三、构造设计

（1）建筑物层高参照表 2-6-6。

表 2-6-6 主要建筑物层高、净高一览表

项目名称	层高（m）	净高（m）	备注
生产综合楼	4.2		
生活楼	3.6		
水泵房	3.9		
SVG 室		4.5	
35kV 配电室		4.5	
GIS 室		6.0（7.0）	括弧内为 220kV
其他用房	3.3		

注 最终根据设备资料情况确定。

（2）外墙：采用非黏土类新型节能墙体材料，南方地区墙体厚度宜采用240mm，北方寒冷地区墙体厚度宜不小于 300mm；环保型建筑涂料为主，局部可采用外墙面砖或石材饰面。

（3）内墙：采用非黏土类新型节能墙体材料或其他轻质材料，主要房间分隔墙厚度采用 240mm 或 200mm，房间内部分隔墙厚度采用 120mm 或 100mm，白色内墙乳胶漆饰面。

（4）屋面。

主要建筑物屋面防水等级不低于Ⅱ级。

屋面排水宜采用有组织排水，一般坡度不应小于3%。

（5）装修。

对门厅、走廊、中控室、继保室等房间进行重点装修，以满足生产运行及美观的要求，室内装修标准见表2-6-7。

表2-6-7　　　　　　　　　室内装修标准

房间名称	楼（地）面	墙面	平顶	其他
电缆层、蓄电池室	耐磨水泥砂浆、地砖	乳胶漆	乳胶漆	
资料室、工具室、备品室等	地砖、环氧树脂	乳胶漆	乳胶漆	
配电装置室	地砖、环氧树脂	乳胶漆	乳胶漆	
中控室	玻化砖	乳胶漆	乳胶漆、轻钢龙骨铝扣板吊顶	
继保室	玻化砖、防静电地板	乳胶漆	轻钢龙骨铝扣板吊顶	
办公室、宿舍	玻化砖、复合地板	乳胶漆	乳胶漆	
会议室	玻化砖	乳胶漆	吊顶	布置电视电话系统
大厅	玻化砖、大理石	乳胶漆	吊顶、乳胶漆	
餐厅	防滑地砖	瓷砖、乳胶漆	乳胶漆	
卫生间	防滑地砖	瓷砖	铝合金扣板	磨砂玻璃
楼梯间、走道	玻化砖	乳胶漆	吊顶、乳胶漆	不锈钢栏杆

第五节　结构设计（升压站）

一、一般规定

（1）满足现行国家及行业有关规范、规程和标准的要求。

（2）结构设计软件采用中国建筑科学研究院PKPM系列软件或国家认可的其他计算软件。对新型复杂结构形式，需采用两种不同的软件进行计算分析对比。

二、结构形式

根据建筑物的重要性、安全等级、抗震设防烈度采用适宜的结构型式。

（1）多层建筑、电气设备用房、大跨度建筑物等，在抗震基本烈度七度及以上地区，采用现浇钢筋混凝土框架结构；抗震基本烈度六度地区宜采用砖混结构。

（2）辅助用房一般为单层建筑，如备件室、水泵房、车库、油品库、门卫室等，当抗震基本烈度七度及以下时宜采用砖混结构；地震基本烈度七度以上时采用现浇钢筋混凝土框架结构。

三、结构设计

1. 地基基础设计

（1）建筑物基础可采用独立基础、条形基础、筏板基础、桩基础等。

（2）建筑物的地基计算均应满足承载力计算的有关规定。

（3）设计等级为甲、乙级建筑物，均应按地基变形进行设计控制。

2. 地基处理

（1）当地基承载力特征值和地基变形均能满足建筑物设计要求时，采用天然地基。

（2）当浅层软弱地基或不均匀土层的承载力和变形满足不了建筑物的设计要求，可部分或全部采用换填层法处理，并应验算垫层底面下卧层的承载力及地基的变形。

（3）当地基土的承载力和变形不满足建筑物的设计要求，且软弱土层的厚度较大时，基础可采用灌注桩、钢筋混凝土预制桩、钢管桩等。

3. 楼（屋）面

楼（屋）面一般均采用钢筋混凝土现浇板。

4. 抗震设计

（1）建（构）筑物的抗震设计应符合现行国家有关规范、标准。

（2）抗震设防烈度为6度及以上地区的风电场建（构）筑物应进行抗震设计。

（3）抗震设防烈度9度及以上或50年一遇极大风速超过70m/s的风电场，重要建筑物地基基础设计应进行专题论证。

（4）抗震设防烈度应采用《中国地震动参数区划图》（GB 18306—2001）的地震基本烈度。对已编制抗震设防区划的城市，可按批准的抗震设防烈度或设计地震动参数进行抗震设防。

四、户外构筑物设计

1. 户外构筑物

（1）设备支架及架线架构。

设备支架一般采用钢管支柱。

架线架构柱可采用钢管或混凝土离心管，横梁采用角钢组成的格构钢梁或型钢梁。

（2）主变压器基础及事故油池。

主变压器基础可采用大块素混凝土基础、钢筋混凝土板式基础，事故油池采用钢筋混凝土结构。

在地下水位较高地区，应进行事故油池的抗浮验算。

（3）消防水池。

消防水池一般采用地下钢筋混凝土结构，或采用钢制成品水箱。

（4）电缆沟。

电缆沟侧壁宜采用砖砌体，在受力大的地段和地下水丰富的地段宜采用钢筋混凝土。砌体支承盖板处设置混凝土边梁。

户外电缆沟盖板采用混凝土盖板，盖板应双面配筋。道路盖板应满足设备车辆及消防车通行要求，盖板四周用角钢包边。户内宜采用花纹钢盖板。

对于严寒地区，若存在湿陷性黄土、地下水位位于电缆沟沟底以上及地下水对砖砌体有腐蚀作用时，宜采用钢筋混凝土电缆沟。

2. 构筑物基础

（1）设备支架基础可采用独立基础。

（2）架线构架基础采用钢筋混凝土高杯口独立基础、桩基等。

（3）构架柱底内应采取可靠防止积水措施，柱脚在地面以下的部分应采取强度等级较低的混凝土包裹（保护层厚度不应小于 50mm），并应使包裹的混凝土高出地面不小于 150mm，当柱脚在地面以上时，柱脚应高出地面不小于 100mm。

五、材料选用及其他

（1）混凝土：C25～C40，基础垫层混凝土：C10 或 C15；预制构件 C40 以上。

（2）钢材：普通钢筋宜采用延性、韧性和可焊性较好的钢筋。钢结构的钢材宜采用 Q235B 碳素结构钢和 Q345B 低合金高强度结构钢。

（3）砖混结构的承重墙墙体材料可采用蒸压灰砂砖、页岩砖等非黏土砖砌筑；填充墙墙体材料应采用压型钢板、加气混凝土砌块、轻集料小型混凝土砌块或符合国家规范要求并通过技术部门鉴定的节能墙体材料。

（4）钢筋连接型式及要求：绑扎搭接、机械连接或焊接，应符合相应规范要求及规定。

（5）屋外构筑物应采用有效的防腐措施，钢结构应采用热镀锌、喷锌或其他可靠措施，不宜因防腐要求而加大材料规格。

对处于严重锈蚀地区的钢构件、易积水和难于维修的部位，宜采取加强防腐措施。

第六节　采暖、通风空调设计

一、一般规定

（1）风电场各建筑物室内采暖温度应根据生产的需要和《火力发电厂采暖通风与空气调节设计技术规程》（DL/T 5035—2004）的要求确定。

风电场升压站各房间室内空气参数见表 2-6-8。

表 2-6-8　　　　　　　风电场升压站各房间室内空气参数

房间名称	冬季		夏季		备注
	温度（℃）	相对湿度（%）	温度（℃）	相对湿度（%）	
主控室	20±1	60±10	20±1	60±10	
继电器保护室	20±1	60±10	20±1	60±10	
值班室、办公室	18		≤30		
蓄电池室	18		≤30		
配电装置室			≤35		
UPS 室	18		≤30		
宿舍	18		≤30		
水泵房	10				

（2）通风和空调系统设计应符合国家现行的有关规范、规定、标准。

（3）通风和空调系统的风管和保温层应采用不燃材料制作，接触腐蚀性气体的风管和柔性接头可采用难燃材料制作。

（4）日平均温度稳定不大于 5℃ 的日数，累年平均不小于 90d 的地区，规定为采暖区。应设计采暖系统。

（5）公共建筑的设计应满足《公共建筑节能设计标准》（GB 50189—2005）的要求。

二、主要功能间采暖、通风设计

1. 控制楼（室）

集中控制室、电子设备间、办公室应设置空气调节装置。

2. 生活楼

（1）风电场一般地处城镇边缘，远离集中热源，建筑物规模小，且环保有特殊要求，经技术经济比较后，可优先采用电采暖。

（2）常用电采暖的形式有：吊顶式辐射板电暖气和低温电热膜辐射采暖。采暖设备的加热元件和表面温度应符合国家现行有关产品标准规定和安全防火要求。

（3）安装于距地面高度 180cm 以下的电供暖元器件，必须采取接地及剩余电流保护措施。

（4）根据不同使用条件，采暖系统设置不同类型的温控装置，优先设置集中控制。

3. 配电装置楼（室）

（1）电气设备运行房间夏季室温不宜高于 35℃，其他区域内的配电装置室夏季室温不宜高于 40℃。

（2）配电装置室应设置事故通风系统。事故通风量按换气次数不少于 10 次/h 计算；事故排风机兼作平时排风机使用。

（3）蓄电池室应设置换气次数不少于 3 次/h 的事故排风装置，事故排风电机组兼作排风电机组使用。事故排风的吸风口应贴近顶棚，其上缘距顶棚不大于 0.1m。

蓄电池室夏季室温不超过 30℃，并应设置直流式空调系统，满足室内空气不允许再循环的要求。所有空调、通风电机组和电机采用防爆型。

蓄电池室严禁采用明火采暖。采暖设备与蓄电池间的距离不应小于 0.75m。

（4）六氟化硫电气设备室应采用机械通风，室内空气不允许再循环。室内空气中六氟化硫的含量不超过 6000mg/m³。六氟化硫电气设备室的正常通风量不少于 2 次/h，设置在室内下部；事故时通风量不小于 4 次/h，由设置在下部的正常通风系统和上部的事故排风系统共同保证。通风设备、风管及其附件应考虑防腐措施。

（5）电缆廊道一般采用自然通风，当自然通风不能满足排出余热要求时采用机械通风。机械排风量按换气次数不少于 6 次/h 计。

（6）机械排风机均采用低噪音排风机。各房间的进、排风口均设置防虫网，排风口均设置自垂式防雨风口。

4. SVG 设备楼（室）

SVG 电气设备室，应采取空调降温措施；设置换气次数不少于 10 次/h 的事故排风装置。

三、节能与环保

（1）空调及通风系统均选用先进的低噪声设备，并设置消声器以控制噪声对室内环境的影响，符合国家噪声控制标准。

（2）通风、空调设备的安装均采用减振、隔振措施。

（3）冷热管道进行保温，减少能量损失。

（4）通风空调设备选用节能型设备，采用分体户式空调器时空调器的能效等级不应低于第 2 级。

（5）电辐射采暖推荐采用集中控制装置。

四、进风口设置

（1）进风口应设置室外空气较清洁的地点；应避免进、排风短路；进风口下缘距室内地面高度不宜大于 1.2m。

（2）进风口应有防雨、防尘、防止异物进入的设施。

（3）在严寒和寒冷地区，进风口宜考虑防寒措施。

第七节 给 排 水 设 计

一、一般规定

（1）升压站给排水设计应按照规划容量统一规划，分期建设。对于扩建工程，应充分发挥原有设施的效能。

（2）升压站的给排水设计方案应根据当地地形条件、气候条件、环境因素、水源条件等综合考虑，并通过技术经济比较后确定。

二、给水设计

（1）资料收集。

设计前应取得站区附近，可利用水源的水质分析资料，所需资料应包括：

1）市政水：场地周边地下给水管线图。

2）地表水：全年逐月资料。

3）地下水、海水：全年每季资料。

（2）水源选择。

当有多种水源可供选择时，水源的选择原则如下：

1）有条件时，优先选用市政水源。

2）若市政水源不能满足要求，按照就近水源的原则，并经技术经济比较后，确定选用地表水或地下水。

3）沿海地区风电工程生活用水尽量使用淡水水源，消防用水可根据当地实际情况，并经技术经济比较后确定是否利用海水。

（3）供水设计。

1）生活用水管网与消防用水管网宜分开设置。

2）生活供水系统，当不能利用升压站外给水管网的压力直接供水时，宜采用气压供水或变频调速供水方式。

3）需打井取水时，设一台深井潜水泵，另设一台备用泵。深井泵安装可采用地下式泵池形式，不建深井泵房。

（4）室外管网应进行优化设计力求给排水路由最短，管网系统应经计算确定，减少投资。

（5）给排水设备应选用节能型产品，以节约运行费用。

（6）生活热水供给宜采用太阳能热水系统。

（7）根据《建筑给水排水设计规范》（GB 50015—2003）规定，确定用水量标准选用见表 2-6-9。

表 2-6-9   用 水 量 标 准

使用性质	用水定额 q	使用时间 T（h）	时变化系数 K_h
宿舍	150L/（人·天）	24	3.0
办公	50L/（人·班）	10	1.5
食堂	25L/（人·次）	16	1.5
浇洒绿化	2L/m²	1 次/日	—
冲洗道路	2L/m²	1 次/日	—
未预见水量	总用水量的 10%～15%		

三、室外排水系统

（1）室外污、雨水分流，污水与经隔油池处理后的厨房废水一并经地埋式污水处理装置处理合格后，排至场地外水体或渗井。

（2）场地雨水应根据当地实际情况及降雨状况确定采用何种排水方式，场地周围有市政管网地区，宜采用有组织排水；场地周围无市政管网地区，宜采用无组织排水。

（3）风电工程地理位置一般远离城镇，宜考虑将生化处理达标后的生活污、废水及场地雨水收集作为绿化浇洒及冲洗道路用水。

（4）地埋式污水处理设备应根据各工程排放的污水水质，与厂家配合设计或由厂家负责统一设计、安装。

（5）排水量以给水量的90%计，见表2-6-10。

表 2-6-10 　　　　　　　　排 水 量 标 准

使用性质	用水定额 q	使用时间 T（h）	时变化系数 K_h
宿舍	135L/（人·天）	24	3.0
办公	45L/（人·班）	10	1.5
食堂	22.5L/（人·次）	16	1.5

第八节 消 防 设 计

一、一般规定

（1）风电场和升压变电站的消防设计应遵循国家的有关的方针政策，应贯彻"预防为主，防消结合"的方针，以"自救为主，外援为辅"为指导思想，防治和减少火灾危害，保障人身和财产安全。

（2）消防设计应符合现行的国家有关规范、标准、规定。

二、消防总体设计

（1）消防设计应根据工程建筑布置特点和有关防火规程规定，在整个工程范围内设立完整消防体系，能有效预防并及时扑灭以电气和油品为主各种初期火灾，保障人员的安全疏散和安全生产。

（2）应按照相关防火规程规定配置消防设施，包括消防供水、消防供电、事故应急照明、自动报警、防火排烟系统等。

（3）风电场升压变电站总体布置应满足规程中对建构筑物安全距离的要求；电气设备选型应考虑防火要求，布置上应满足消防要求；电力电缆选型与敷设应考虑防火阻燃要求；建筑防火分区、防火隔断、防火间距、安全疏散、消防通道的设置应符合相关规范要求，并根据工程实际考虑消防车辆、设备进出和使用的便利性，人员疏散的快速性和安全性。

（4）风电场考虑采用全站报警方式。火灾报警控制系统能显示火灾发生的时间、地点，并能出声光报警信号，同时能将火警信号送入站内监控系统并能实现远传。

（5）风电场架空线路，不应跨越储存易燃、易爆危险品的仓库区域。

三、升压站消防设计

1. 建筑消防

（1）升压变电站建构筑物应根据有关规定，按照建筑物火灾危险性分类及耐火等级进行设计，并严格控制装修材料的耐火等级；主体建筑单体结构形式应为钢筋混凝土框架结构，主承重构件的耐火等级在二级以上。建筑物耐火等级不低于二级，生产类建筑类别应根据设备的火灾危险性确定。

（2）风电场升压变电站应配置专用油品库，以满足风电场对危险品储存的要求。

（3）建筑防火分区大小应符合规范要求，防火分区之间应采用防火墙分隔。疏散门均向疏散方向开启。

（4）升压站内应设置消防车道。消防车道的净宽度和净空高度均不应小于4m。供消防车停留的空地，其坡度不宜大于 3%。消防车道与建筑之间不应设置妨碍消防车作业的障碍物。供消防车取水的天然水源和消防水池应设置消防车道。

2. 消防给水

（1）对消防给水系统方案（水源点选取、给水方式、流量、压力、水质等）应进行综合经济技术评价，并根据工程实际情况（火灾性质、类别、延续时间、次数、一次灭火所需水量等）确定消防给水系统方案。消防方案应征得当地消防部门同意。

（2）消防用水可由城市给水管网、天然水源或站内消防水池供给。利用天然水源时，其保证率不应小于 97%，且应设置可靠的取水设施。当天然水源不能保证时，应设置消防蓄水设施。

（3）升压站同一时间内的火灾次数按一次考虑。消防用水量按室内和室外消防用水量之和确定。室内消防用水量包含室内消火栓系统、自动喷水灭火系统、水喷雾系统、泡沫灭火系统和固定消防炮灭火系统消防用水量。室内消防用水量应按需要同时开启的上述系统用水量之和计算；当上述多种消防系统需要同时开启时，室内消火栓用水量可减少50%，但不得小于10L/S。

（4）消防水泵应保证在火警后 30s 内启动。消防水泵与动力机械应直接连接。

（5）供水水源不能满足升压站消防用水要求时应设置消防水池。

（6）消防水池的容量应满足在火灾延续时间内，消防给水量的要求，且应符合下列规定：

1）升压站室内、外消火栓系统的火灾延续时间应按 2h 计算。

2）当室外给水管网供水充足且在火灾情况下能够连续补水时，消防水池的容量可减去火灾延续时间内补充的水量，补水量应经计算确定，且补水管的设计流速不宜大于 2.5m/s。

3）消防水池的补水时间不宜超过 48h，对于缺水地区不应超过 96h。

4）供消防车取水的消防水池应设置取水口或取水井，且吸水高度不应大于6m；取水口与建筑物（水泵房除外）的距离不宜小于 15m，与绝缘油油罐的距离不宜小于 40m。

5）供消防车取水的消防水池，其保护半径不应大于 150m。

6）消防用水与生产、生活用水合并的水池，应采取确保消防用水不作他用的技术措施。

7）严寒和寒冷地区的消防水池应采取防冻保护设施。

3. 灭火器及砂箱的设置

（1）灭火器的设置应符合现行国家标准《建筑灭火器配置设计规范》（GB 50140—2005）的有关规定。

（2）升压站建筑物、构筑物应按火灾危险类别及危险等级配置灭火器。

（3）每台室外主变压器（电抗器）砂箱的设置应符合下列要求：

1）每个设置点处的砂箱数量不应少于 1 个；

2）每个砂箱储砂容积不应小于 $1.0m^3$；

3）每个设置点处应配备消防铲 3～5 把；

4）露天设置的砂箱应有防雨措施。

4. 暖通消防

（1）冷热管道及其保温（或保冷）材料采用不燃型或 B1 级难燃型。

（2）建筑物疏散用楼梯间应采用自然通风方式，可开启外窗的面积不小于 $2m^2$。

（3）办公楼各办公用房，设置可开启的外窗自然排烟。可开启外窗的面积为房间地面面积的 2%。

（4）火灾发生时通风、空调系统应停止运行。

（5）事故通风机组应分别在室内、外便于操作的地方设置电气开关。

5. 电气消防设计

（1）消防供电应符合以下要求：

消防水泵、火灾报警系统、灭火系统、防排烟设施与应急照明电源应按 II 类负荷供电。

消防用电设备采用双电源或双回路供电时，应在最末一级配电箱处设置双电源自动切换装置。当发生火灾时，仍应保证消防用电。消防配电设备应有明显标志。

应急照明、疏散指示标志，可采用直流电源、EPS 电源或应急灯自带蓄电池作备用电源，其连续供电时间不应少于 30min。

（2）消防用电设备的配电线路应穿管保护。当暗敷时应敷设在非燃烧体结构内，其保护层厚度不应小于 30mm；当明敷时（包括在吊顶内敷设时）应穿金属管或封闭式金属线槽，并采取防火保护措施。

（3）消防用电设备包括事故照明、疏散指示标志灯、消防控制设备等。消防设备电源应有可靠的供电电源，并按照双电源备用设计，并能在其中一路电源故障时，快速自动切换到备用电源。备用电源连续供电时间应不小于1h，有条件时应尽量延长。

（4）单台变压器容量在 125MVA 及以上时，应设置水喷雾灭火系统、合成型泡沫喷雾灭火系统或其他固定式灭火装置。其他带油电气设备，宜采用干粉灭火器。

（5）升压站应设置火灾自动报警系统。其中无人值班的风电场升压站的火灾报警和消防联动信号应远传至远方监控中心。

四、风力发电机组及箱式变压器消防设计

（1）机舱及塔筒内应配置火灾自动报警装置和气体、液体等固定灭火装置。

（2）火灾自动报警装置应保证风机机舱及塔筒内全部电气设备的安全，满足火

灾初期（预燃）发出警报，并能进行火灾的集中监视及灭火装置的自动启动和远方/现场手动强制启动。

（3）风电机组消防应配置灭火设施。一般风电机组机舱和塔筒底部应各配置不少于2具手提式灭火器。

五、施工消防

（1）各施工场地的施工道路外网公路应相连通，施工通道应为环形或有足够回旋场地。

（2）为满足安装需要，在各风力发电机组点边上布置施工平台，工程用电为生产用电和生活用电，用电从附近就近接入。工程应按照施工组织工序安排考虑风电机组堆放场地。

（3）风电场建设阶段消防规划方案和易燃易爆仓库的消防方案由施工单位根据有关规范要求制定。

第七章
风　场　道　路

一、一般规定

（1）风电场道路分为：风电场进场道路和场内道路。

进场道路指从已有交通网络开始至风电场内升压变电站（开关站）之间道路。场内道路指风电机组之间的道路和风电机组与升压变电站之间道路。

（2）风电场道路尽量利用原有道路进行改建和扩建，减少占地，降低施工难度。

（3）风场道路设计须与吊装场地平整标高、道路交叉标高等相衔接。

（4）场外道路主要利用已有国家、省（自治区、直辖市）、市、县、乡镇等级道路和市政道路，不作为风电场设计范围。

二、设计依据

1. 采用规范

（1）《公路工程技术标准》（JTJ B01—2003）。

（2）《公路路线设计规范》（JTG D20—2006）。

（3）《公路路基设计规范》（JTG D30—2004）。

（4）《公路排水设计规范》（JTGT D33—2012）。

（5）《公路工程抗震规范》（JTG B02—2013）。

（6）《厂矿道路设计规范》（GBJ 22—87）。

2. 设计标准

（1）公路等级：四级公路（等外公路）。

（2）设计行车速度：15km/h。

（3）桥涵设计荷载：公路－Ⅱ级。

（4）设计洪水频率：1/25。

（5）最大超高：2%（超高渐变率1/50）。

（6）加宽类别：第三类加宽。

（7）路面形式：砂石路面。

3. 收集资料

（1）所选定机型的"风机运输要求"。

（2）风机微观选址报告。

（3）风电场场区气象水文资料。

（4）1:2000地形图。

（5）风电场岩土工程勘察报告。

三、场区分类

道路设计根据所处地理位置的不同其划分原则为：平原区指海拔 0～200m，地形平坦，无明显起伏，地面自然坡度小于或等于 3°的地区；丘陵区指海拔 0～500m，地面起伏和缓，地面自然坡度为 3°（不含 3°）～20°（含 20°），相对高差在 200m 以内的地区；山岭重丘区指海拔 500m 以上，地面自然坡度大于 20°，相对高差为 200m 以上的地区。

四、平面设计

道路平曲线半径应尽可能满足风机设备厂家或运输单位提出的最小指标要求，条件允许时应采用较高的平曲线指标。

圆曲线半径根据不同容量风机的不同结构尺寸决定，一般值要求不小于 40～50m，山岭重丘区因局部地形限制，在适当加宽路基的情况下一般半径不小于35m，应用特种运输车辆运输时极限半径不小于 25m。

平曲线最小半径取值见表 2-7-1。

表 2-7-1　　　　　　　　　　　平曲线最小半径取值表

半径 　　　　类型	平原、丘陵 （m）	重丘陵山区 （m）	特种运输 （m）
一般取值	≥40	≥35	≥25
极限取值	≥35	≥30	≥20

五、横断面设计

路基宽度应满足风机设备厂家或运输单位提出的最小指标要求。

进场道路原则上采用双车道，路基宽度一般可取 6.0m；场内道路可采用双车道和单车道两种形式，双车道路基宽度在平原、丘陵一般可取 6.0m，重丘陵、山区可取 5.5m；单车道采用加错车道的形式，路基宽度可取 4.5m。

双车道单侧土路肩宽度不小于 0.25m，单车道单侧土路肩宽度不小于 0.5m。

采用单车道时，间隔 300～400m 应设置错车道，设置错车道路段路基的宽度不小于 6.5m，错车路段长度宜不小于 40m。

平原及微丘陵地区宜采用履带吊（可伸缩式履带吊或普通履带吊）；重丘陵、山区优先采用汽车吊，若采用履带吊可采用拆卸转场的方式。

不同的吊装方案对道路宽度要求见表 2-7-2。

表 2-7-2　　　　　　　　　　　路基宽度选用一览表

宽度 　　　类型	采用汽车吊		采用履带吊	
	双车道 （m）	单车道 （m）	临时 （m）	永久 （m）
路基宽度	5.5～6.0	4.5	8.0～9.0	4.5～6.0
路面宽度	4.5～5.0	3.5	暂不做路面	3.5～5.0

六、纵断面设计

（1）平原、微丘地区最大纵坡 9%，对利用原有公路的改建路段，最大纵坡可增加 1%。

（2）重丘陵、山区主线路段一般不超过 12.5%，局部修建条件困难的地段最大不超过 14%，支线路段纵坡可根据风电机组运输要求适当增加，当采取一些辅助措施（如辅助牵引）最大不能超过 16%。

最大纵坡坡度取值见表2-7-3。不同纵坡的最大坡长见表2-7-4。

表2-7-3　　　　　　　　　　最大纵坡坡度取值表

取值＼分类	进站道路（%）	主线道路（%）	支线道路（%）
一般取值	≤8	≤10	≤12.5
极限取值	≤10	≤14	≤16

表2-7-4　　　　　　　　　　纵坡限制坡长

纵坡坡度（%）	4	5	6	7	8	9	10	11	12.5
最大坡长（m）	1200	1000	800	600	400	300	200	150	100

（3）竖曲线半径。

按照叶片运输要求进行设置，以叶片不刮蹭地面和车底板不碰地面为原则。一般参照值如下：

1）凸形竖曲线半径一般值为200m，极限值为100m；

2）凹形竖曲线半径一般值为300m，极限值为200m；

3）竖曲线最小长度不小于30m。

七、路基路面设计

1. 路基设计

（1）路基边坡取值见表2-7-5。

表2-7-5　　　　　　　　　　路基边坡取值表

取值＼类别	土质边坡	石质边坡
挖方	1:0.5～1:1.0	1:0.3～1:0.75
填方	1:1.5	1:1.5

纵坡较陡路段尽量以挖方为主，以保证路基的天然稳定性，减少陡坡上填筑土石方和修建挡土墙，纵坡较缓路段以填方为主，保证路基排水的需要。

（2）路基压实度要求见表2-7-6。

表 2-7-6 路 基 压 实 度 要 求

挖填类别	零填及挖方	填方		
路床顶面以下深度（m）	0～0.80	0～0.80	0.80～1.50	＞1.50
路基压实度	≥94	≥94	≥93	≥90

2. 路面设计

风电场进场道路一般可采用沥青混凝土路面或混凝土路面；场内道路一般上以砂石路面为主，按照就地取材原则，可采用10～30cm厚泥结碎石、山皮石、天然级配砂砾石路面。

3. 路基防护

自然放坡过长时，在坡脚设护脚墙或路肩、路堤挡土墙。大开挖边坡不稳定路段，宜设置路堑挡土墙或边坡防护。

4. 排水设计

根据现场地形设置边沟，一般土质路基路段设置沟宽、沟深 0.4m 的梯形边沟，路线纵坡大于 10%的路段宜设置 M7.5 浆砌片石边沟，以防止雨水冲刷，排水沟可根据实际地形结合边沟现场增设。

石质路基路段施工条件允许的可考虑矩形边沟。圆曲线处于陡坡坡底路段处可设置过水路面，过水路面所处的上下坡段之间应有不小于 2m 的水平地段。漫水时路面上水深一般不超过 0.5m。

5. 其他工程设计

取土、弃土应考虑合理位置，不允许在开挖范围的上侧弃土，必须在边坡上部临时堆置土料时，应确保开挖边坡的稳定性。

路基设计应重视排水设施与防护设施的设计，防止水土流失堵塞河道和诱发路基病害。

八、桥涵

风场道路跨越有通航、灌溉、排水的永久河道、沟渠时，应当修建桥涵，保持原有水道的畅通。跨越水面净宽≤5m 时，可采用管涵或箱涵型式；跨越水面净宽＞5m 时，必要情况可采用桥梁。

九、沿线设施

道路与铁路相邻时，铁路与公路用地界相距不应小于 5m，道路与乡村道路相交叉的位置、形式、间隔等的确定，应考虑县、乡、镇土地利用总体规划中农业耕作机械需求，必要时应结合规划对农业机耕道作适当调整或归并。

架空送电线路与道路相交叉时宜为正交，必须斜交时宜大于 45°，架空送电线路跨越道路时，送电线路导线与道路交叉处距路面的最小垂直距离，须符合相应规范送电线路规定的要求。

视距不良、急弯、陡坡等路段应设置路面标线及必需的视线诱导标；路侧有悬崖、深谷、深沟、江河湖泊等路段应设置路侧护栏；平面交叉应设置标志和必需的交通安全设施。

第八章

集 电 线 路

风场集电线路的设计有架空、直埋电缆或架空与电缆相混合的设计方案，集电线路应优先采用架空设计方案。

第一节 架 空 线 路 设 计

一、一般规定

（1）风电场场内集电线路设计应严格执行现行的国家标准和行业规程规范。

（2）风电场场内架空线路设计应适合当地气象、地形和地质条件，做到安全可靠，经济合理。

二、路径选择

1. 路径选择原则

（1）当风电场容量大、有多条集电线路进同一升压站时，应统一规划，以减少线路交叉、避免升压站进、出线走廊拥挤、节省土地资源，进升压站段宜尽量采用双回路方案。

（2）尽可能选择长度短、特殊跨越少、水文和地质条件好的路径方案。

（3）尽可能避开树木、果木林、农业耕地、防护林等，如必须穿越时，应尽可能选取宽度最小处，减少砍伐树木。必要时可采用跨树或局部电缆方案。

（4）尽可能避开地形、地质复杂和基础施工挖方量大，以及杆塔稳定容易受到威胁的地段。

（5）应避免通过陡坡，悬崖峭壁、滑坡、不稳定岩石堆等不良地质地带。当线路与山脊交叉时，应尽量从平缓处通过。

（6）在跨越沟坎时，应避开线路与同一沟坎交叉多次。遇有大跨越时注意跨越塔位的位置，应远离沟坎边缘，保证杆塔基础的安全可靠。

（7）应尽量避让地物敏感点（房屋、坟地、规划区、文物古迹）。

（8）应考虑风电场区内的军事设施、水利设施、矿产设施、土地使用性质、已建电力线、通信线或其他重要设施管线等因素。

2. 路径初选

根据升压站位置、风机排布、线路输送容量，以及回路数等条件，在1:2000地形图上，进行路径方案选线，按线路路径距离最短的原则，尽量避开上述影响，经技术经济比较后确定 1～2 个路径可行方案，作为现场勘查的方案。

路径初选时宜减少转角杆塔的数量，控制转角塔角度（一般不宜超过 60°）。

3. 踏勘

对初步路径方案进行实地勘测，对重要地物（如坟地、果园）、交叉跨越等进行核实。

4. 确定路径

在现场调查、踏勘、实测后提出推荐路径方案。

三、气象条件

根据《66kV 及以下架空电力线路设计规范》（GB 50061—2010）中有关规定，收集本风电场附近各气象站的观测资料，结合风电场测风塔实测的气象数据，参考当地已有线路的设计条件及运行经验，综合分析确定本工程的设计气象条件。

最大设计风速应采用当地空旷平坦地面上离地 10m 高，统计所得的 30 年一遇 10min 平均最大风速；当无可靠资料时，最大设计风速不应低于23.5m/s。

架空线路设计采用的导线或地线的覆冰厚度，在调查收资的基础上可取 5、10、15、20mm，冰的密度应按 0.9g/cm³ 计；覆冰时的气温应采用–5°C，风速宜采用 10m/s。

四、导线、地线截面选择

1. 导线截面

按照风电场总装机容量和风电机组布置，确定每回线路的输送容量。按技术经济条件，选取导线的安全系数。导线截面按经济电流密度选择，电压降宜控制在 5% 以下。有污染地区应提高绝缘子防污等级，宜采用防腐型导线；主线路与分支线路的导线截面应分别选取。

一般导线采用钢芯铝绞线，常用的导线截面有 LGJ-95、LGJ-150、LGJ-185、LGJ-240。

同一风电场导线截面种类不宜超过 3 种，以防止运行维护备品备件种类过多。

2. 地线选择

（1）地线型号按防雷要求和设计规程规定，选用与导线截面相配合的地线型号。

（2）地线可采用镀锌钢绞线。地线常用型号：导线 LGJ-185 及以下采用 GJ-35；当导线 LGJ-240 时采用 GJ-50。

（3）按技术经济条件，选取导、地线的安全系数、最大使用应力和平均运行应力。并结合风电场内的地形、地貌及使用档距情况，确定导、地线的防振措施。

五、绝缘配合及防雷、接地

1. 绝缘配合

（1）架空电力线路环境污秽等级应符合规范的规定。污秽等级可根据审定的污秽分区图并结合运行经验、污湿特征、外绝缘表面污秽物的性质及其等值盐密度等因素综合确定。

（2）根据绝缘子的形式和数量、单位爬电距离确定。

（3）35kV 架空电力线路宜采用悬式绝缘子，在海拔 1000m 以下地区，悬垂串应采用 3 片，耐张串应比悬垂串多 1 片。海拔高度每增高 100m，应按规范规定增加绝缘间隙。

（4）海拔高度为 1000～3500m 的地区，绝缘子串的绝缘子数量应按下式计算

$$n_h \geq n\left[1+0.1\left(H-1\right)\right]$$

式中　n_h——海拔高度为 1000m～3500m 地区的绝缘子数量，片；

　　　n——海拔高度为 1000m 以下地区的绝缘子数量，片；

H——海拔高度，km。

（5）通过污秽地区的架空电力线路宜采用防污绝缘子、有机复合绝缘子或采用其他防污措施。

2. 线路防雷

风电场集电线路的电压等级大多为 35kV，一般应全线架设地线。一般地线对边导线的保护角宜采用 20°～30°，山区单根地线可采用 25°保护角；当导线呈水平排列或双回路杆塔可设置双地线；导线呈三角排列时可采用单地线。在实际工程中，如在雷暴日数较高的山区，为防止雷电绕击导线，可根据工程现场的地形、地貌、海拔高度、工程地质等情况，当导线呈三角排列时，也可采用双地线。

3. 线路接地

风电场内 35kV 架空线路应全线架设地线，且逐基接地；接地装置型式根据风电场内的地质、地貌、土壤电阻率等确定；接地装置的主要型式，应满足防雷接地电阻值的要求。

当接地体遇到有腐蚀性的土壤时，接地体宜进行热镀锌，也可适当加大接地体的截面积。

在雷雨季节，当地面干燥时，每基杆塔的工频接地电阻不宜超过表 2-8-1 所列值。

表 2-8-1   杆塔的最大工频接地电阻

土壤电阻率 ρ（$\Omega \cdot m$）	100 及以下	100 以上至 500	500 以上至 1000	1000 以上至 2000	2000 以上
工频接地电阻（Ω）	10	15	20	25	30*

* 当土壤电阻率很高，接地电阻很难降低到 30Ω 时，可采取换土、加装接地模块、增加垂直接地极等措施。

六、杆塔型式

1. 杆塔选择

根据工程所在地的气象条件、海拔高度、导线、地线型号确定杆塔设计荷载，选择杆塔结构型式，同时考虑场内的地形、地物、交通运输施工和运行维护等条件等综合因素进行技术经济比较确定。

目前风电场选用杆塔形式均选用《国家电网公司 35kV 输电线路典型设计》图

集，比较常用的塔型有单回路直线塔、单回路转角塔、单回路终端塔、双回路直线塔、双回路转角塔、双回路终端塔、T 接塔和分歧塔，一般按下列原则选用：

（1）风场地形平缓属于低山丘陵、荒漠平原的地区，直线杆塔宜选择钢筋混凝土电杆，其强度设计应满足荷载要求，电杆宜采用门型杆或 A 型杆；转角、终端和连接电缆的位置可选用自立式铁塔或钢筋混凝土电杆。

（2）位于沿海滩涂及河网泥沼地区的风电场，或导线截面≥240mm² 时，场内杆塔宜选用自立式角钢铁塔，或钢管杆。

（3）高山峻岭地区的风电场，由于材料运输难度大，一般多采用自立式铁塔。

（4）集电线路的杆塔选型应因地制宜，根据实际情况不同地段可以选择水泥杆、铁塔、钢管杆设计方案。

2. **基础型式**

（1）风电场铁塔的基础型式分为现浇台阶式刚性基础、现浇钢筋混凝土柔性基础、掏挖基础、岩石嵌固基础、岩石锚杆基础、预制基础（水泥杆基础）等。

基础型式的选择主要由风电场地质、水文条件决定，并且参考钢筋和混凝土造价，优选出最佳方案。

（2）丘陵山地、荒漠高原风电场：宜采用钢筋混凝土电杆杆塔基础，杆坑底部安装混凝土预制底盘（坑底为坚硬或岩石时可取消底盘）；无拉线杆塔，主杆埋深2m 以上时，应安装卡盘；自立式角钢铁塔应根据地勘资料设计基础型式，一般常采用台阶式现浇基础。

（3）海岸滩涂河网泥沼风电场地区：该区域基础地质松软，地下水位较高，杆塔位置宜逐基作地质钻探，根据地勘报告设计基础型式。

（4）冻土地区，基础埋深应在冻土层以下。

3. **风电场水泥杆和铁塔的基础选型**（见表 2-8-2）

表 2-8-2　　　　　　　　**基 础 型 式 选 择**

杆塔型式	山区、丘陵、平原地区	沿海滩涂、河网泥沼
直线水泥杆	预制底盘、卡盘	需地基处理、换填、垫层、杆设卡盘、底盘、桩基等
转角耐张水泥杆	预制底盘、拉线盘	地基需处理、换填、杆设底盘、拉线基础可采用重力式或大板式
自立式铁塔	岩锚基础、掏挖基础、现浇刚性基础、柔性基础	可采用大板式基础、灌注桩基础、预制桩基础
钢管杆	现浇刚性基础	可采用大板式基础、灌注桩基础、预制桩基础

注　此表为一般风电场基础选型，遇到特殊情况，请根据具体地质、水文条件合理选型。

第二节 直 埋 电 缆

一、直埋电缆选用条件

（1）有特殊要求的地区，如旅游景区或不允许架设架空线路的地段。

（2）线路跨越成片林或通过覆冰严重地区（中、重度覆冰厚度大于 10～20mm），经综合经济技术方案比较，当采用架空线路不经济、不安全时，可采用直埋电缆。

二、电缆路径选择

（1）应避免电缆遭受机械外力、过热、腐蚀等危害。

（2）在满足安全要求条件下，应遵循路径最短的原则。

（3）应便于敷设及运行维护。

（4）宜避开将要挖掘施工的地方。

（5）电缆敷设路径应尽量沿风电场道路或沿地形等高线蛇形布置。

三、电缆截面

直埋电缆截面选择应符合：

（1）最大工作电流作用下的电缆导体温度，不得超过电缆使用寿命的允许值，最高允许持续工作温度 90℃，短路暂态 250℃。

（2）最大工作电流作用下连接回路的电压降，不超过该回路允许值。

（3）电缆导体允许最小截面的选择，应同时满足规划载流量和通过系统最大短路电流时热稳定的要求。

四、直埋电缆敷设

（1）直埋电缆敷设应按照《国家建筑标准设计图集》（D101-1～7）合订本中的《35kV 及以下电缆敷设》（D101-1～5）有关规定执行。

（2）直埋电缆敷设深度不应小于 0.7m，当冻土层厚度超过 0.7m 时，应将电缆敷设在冻土层下或采取防护措施。

（3）直埋电缆沟宽应根据电缆的根数和外径确定，一般 35kV 电力电缆之间净距离为 250mm，与沟边的距离大于 150mm。

（4）电缆应敷设在砂土或软土中，且上部设有混凝土保护板。直埋电缆地面表层应设置标志桩，一般转角处和电缆接头处均应设置标志桩，以表明电缆的走向及方便检修；直线段宜 100m 左右设置一处。

（5）通信电缆与 35kV 电力电缆同沟敷设时，一般电力电缆应埋设在通信电缆的上面；敷设在同一层时，间距应大于 500mm 或设通长设置保护隔板。

（6）直埋电缆一般敷设在地形自然坡度 20°之内；电缆在 20°～50°斜坡地段铺设时，其角度不应大于地形自然坡度，且应满足电缆允许高差值的规定，坡度在 30°以下每 15m 用固定桩固定一次，在 30°以上时每 10m 用固定桩固定一次。固定桩一般为松木、角钢或混凝土桩。

（7）电缆在任何敷设方式及其全部路径条件的上下左右改变部位，均应满足电缆允许弯曲半径要求。

电缆的允许弯曲半径，应符合电缆绝缘及其构造特性要求。

（8）直埋电缆绝缘型式宜选用交联聚乙烯绝缘形式，根据当地的水文及气象条件，必要时电缆采用防水防腐型或耐寒型。

五、电缆沟敷设

（1）对特殊地段，当采用直埋电缆难度大、同沟敷设电缆较多或在并入升压站的地段，可采用电缆沟铺设方案，电缆沟的尺寸根据铺设电缆的根数确定。

（2）电缆沟在设计时应综合考虑电缆沟的占地面积、排水功能，以及电缆沟坡口接入的预留位置。当电缆沟内有预留位置时，要事先沟通预留电缆根数，预留电缆要求，做到统筹规划、设计合理。

（3）电缆沟应考虑分段排水方式并每隔 50m 左右设置集水井，地下水位较高地区，集水井应设置排水泵。

第三节 通 信 线 路

（1）风力发电机组监控系统在场内通信组网宜采用光纤环网拓扑结构，监控范围为风场内的风力发电机组及其 35kV 升压设备。

（2）场内通信线路路径与敷设方式原则与集电线路相同。

当集电线路采用架空时宜采用 ADSS 自承式光缆，光缆与架空线同塔敷设至升压变电站；当集电线路采用直埋电缆时，采用地埋式光缆，与电缆线路同沟敷设。

（3）光缆从箱变基础预埋管引出后，采用地下直埋敷设方式到架空线路终端塔后引上。

（4）根据光缆线路路径和分组情况将场内的风机分成若干组，每组利用纤芯形成独立的光纤子环网接入集中监控系统，通信介质宜选用单模光缆。

第九章
施 工 组 织 设 计

一、一般规定

（1）施工组织设计应认真贯彻国家的基本建设方针和政策，合理安排工程开展程序和施工顺序。

（2）选择施工方案时，要积极采用新材料、新设备、新工艺和新技术，努力为新结构的推行创造条件；应充分结合工程特点和现场条件，做到技术的先进适用性和经济合理性相结合的原则。

（3）对于需进入冬、雨季施工的工程，应落实季节性施工措施，以增加全年的施工天数，提高施工的连续性和均衡性。

（4）贯彻"安全第一，预防为主"方针，确保安全生产和文明施工；认真做好生态环境和历史文物保护，严防建筑振动、噪声、粉尘和垃圾污染。

（5）风电场施工组织设计前，需要收集下述资料：

1）本风电场自然条件，如地形、地质条件以及气温、地温、降水、台风、冻土层和雾的特性；

2）了解风电场周边已有交通现状，对风电机组制造厂至风电场区域的主要交通路线调查；

3）对场址区的主要建筑材料市场进行调查，了解建筑材料的供应能力，主要包括供应材料的种类、规格、数量、与风电场的距离；

4）了解施工期供水、供电的来源；

5）工程的施工特点。

二、施工总布置

1. 一般原则

施工总布置应按以下基本原则进行：

（1）应充分掌握和综合分析工程特点、施工条件、工期要求和工程分标因素，合理确定工程施工总体布置，统筹规划为工程服务的各种临建设施及场地，做到局部和整体布置相协调。

（2）施工总布置应紧凑合理、节约用地，合理利用荒地、滩地、坡地，不占或少占耕地和经济林地，充分利用地形，减少场地平整工程量。还应考虑利用弃渣填筑或平整场地。

（3）房屋建筑和施工临建设施应远近结合，前后照应，减少或避免大量临建设施在主体工程施工过程中的拆迁，尽量减少占用施工场地，充分利用永久建（构）筑物和附近已建工程的原有设施。

（4）施工工厂、仓库、房屋建筑、消防车道等均应遵照《建筑设计防火规范》（GB 50016—2006）的规定。认真贯彻"预防为主，防消结合"的方针，确保整个施工期使用可靠，以减少火灾的危害。临建设施的布置应遵照相关规定。

（5）施工总布置设计应遵守环境保护和水土保持的有关规定。

（6）应形成施工总平面布置图，反映各临建设施、道路的布置情况。

2. 施工供电、供水

（1）估算施工用电负荷，确定电源、电压及输变电方案。

（2）估算施工用水量，选定施工供水方案。

3. 场地平整

（1）在满足总平面设计要求，并与场外工程设施的标高相协调的前提下，尽可能做到挖填平衡。

（2）如挖方少于填方，则要考虑土方的来源，如挖方多于填方，则要考虑弃土堆场。

（3）场地设计标高要高出区域最高洪水位，在严寒地区，场地的最高地下水位应在土壤冻结深度以下。

4. 施工生产设施

（1）砂石堆场宜与生活、管理区保持必要的距离。

（2）混凝土系统厂址选择应满足以下要求：

1）靠近主要浇筑地点，场地面积满足生产规模的要求；

2）位于场内主要交通干线附近，符合原材料进料和混凝土出料的运输线路布置要求；

3）主要建筑物应设在稳定、承载能力满足要求的地基上，结合工厂内部工艺布置，合理利用坡地、台地等地形；

4）设在地下水位以下的地下建筑物应采取防水或排水措施；

5）应考虑爆破和输电线的安全距离要求。

（3）机械、汽车修配系统宜利用当地现有修配设施。现场需要布置时，应选择交通方便，地形地质条件满足要求，对生活管理区影响小的场地。场地面积应满足工程施工的修配需要。

（4）综合加工厂由混凝土预制厂、木材和钢筋加工厂组成，在场地条件允许时，三厂宜联合布置，并满足以下要求：

1）厂址应与交通干线联系方便，原材料、产品进出方便，并靠近主体工程施工区；

2）采用台阶布置时，宜从低到高分别布置预制件厂、钢筋和木材加工厂；

3）应与生活、管理区保持一定的距离。

（5）金属结构加工厂，按确定的规模计算所需建筑和占地面积。场地选择应交通方便，便于起重、装卸和运输；地基应满足承载能力和稳定要求；确保水、电的供应。

三、施工交通运输

（1）根据主要设备的重量、尺寸提出满足设备运输的线路标准，初步拟定对外交通运输方案。

（2）根据本导则相关规定，确定进场和场内交通线路的规划、布置和标准，进行设计、计算并提出工程量。

（3）上述道路需利用已有道路时，应区分改建道路和新建道路的长度和工程量。

四、工程用地

1. 一般规定

（1）风电场工程建设用地包括风电场内主要生产和辅助设施的建设用地，主要有风电机组、机组变压器、集电线路、升压变电站、交通工程和其他工程的建设用地。

（2）风电场工程项目建设用地面积应符合《电力工程项目建设用地指标（风电场）》的要求，必须贯彻执行国家有关建设、土地管理的法律、法规和有关标准、规范，切实做到科学、合理、节约用地。

（3）收集当地政府规划部门对风电场所在地土地利用近期规划、长远规划，熟悉当地政府土地政策，如工程永久占地费用、临时占地费用、青苗、农田、林木赔偿费用、工程征占用税费等。

（4）风电场工程占用土地包括永久征地和临时征地：

1）永久性占地包括风电机组基础占地、升压站、箱变基础占地、检修道路、架空线杆塔占地等。

2）临时性占地包括施工吊装场地、施工临时设施的用地面积和所属地类；施工临时围堰、机组设备临时堆放场、弃渣场等用地。

3）直埋电缆为临时性占地，电缆沟为永久占地。

2．工程用地计算

用地计算参数一般不超过如下取值：

（1）单台风电机组基础永久占地：1500kW 风机为 285m²；2000kW 风机为 330m²；3000kW 风机为 450m²。

（2）单台箱变基础永久占地：一般为 22m²。

（3）集电线路占地：

1）永久占地：直线杆 4m²/基，带拉线门型杆 12m²/基，铁塔基础永久占地按平原和山区地形不同查《电力工程项目建设用地指标（风电场）》。

2）临时占地：直埋电缆按 1m 宽临时征地。

（4）场内施工道路：4.5m 宽按永久占地，其余路宽及边坡按临时征地。

（5）单台风电机组安装场地：一般不超过 3000m² 临时征地。

风电场工程占地面积统计表见表 2-9-1。

表 2-9-1　　　　　　　　　　　风电场工程占地面积统计表

序号	项目名称	永久征用地面积（m²）	临时征用地面积（m²）	备注
1	风电机组基础			

序号	项目名称	永久征用地面积（m²）	临时征用地面积（m²）	备　注
2	箱变基础			
3	安装场地			
4	场内施工道路			
5	施工临时设施			
6	集电线路			
7	升压站			
8	进站道路			
9	弃渣场			
10	总　计			

五、主要施工方案

1. 工程施工方案编制原则

（1）遵守国家的有关法律法规和国家、行业的有关标准、规程、规定；

（2）主要工程施工方案应安全可靠、科学合理、易于操作、方便施工；

（3）结合项目的具体情况，提倡应用新材料、新设备、新技术、新工艺；

（4）在满足安全、质量和进度的前提下努力降低成本；

（5）在经济合理的基础上尽可能采用工厂化施工。

2. 工程施工方案的编制依据

（1）相关的规程、规定、技术工艺标准；

（2）设计图纸及有关资料；

（3）主要设备、材料、机械的技术文件和性能资料；

（4）施工综合进度；

（5）主要设备、材料供应情况；

（6）施工环境及气象、水文、地质资料。

3. 工程施工方案的内容

（1）工程概况及特点；

（2）主要工程量；

（3）施工机械的选用及场地布置；

（4）主要施工方法、工艺流程以及专项施工方案（如大体积混凝土浇筑、大件吊装等）；

（5）施工控制性进度。

施工组织设计中的主要施工方案是原则性方案，其编制的内容可以根据项目的特点，突出重点、难点进行取舍或补充。

六、主体工程施工

风电场工程施工主要包括风力发电机组基础、箱式变压器基础的开挖和浇筑，升压站内建筑物的施工，风力发电机组的吊装以及电气联结，箱式变压器的安装，线缆的安装及升压站的施工和安装。

1. 风力发电机组及箱式变压器基础工程

基础施工过程是：①桩基施工：就桩桩机→起吊预制桩→稳桩→打桩→接桩→送桩→中间检查验收→移桩机至下一个桩位；②基础承台施工：基础的放线定位及标高测量→机械挖土→验槽处理→混凝土垫层→立设混凝土基础模板→绑扎钢筋、预埋底法兰段→钢筋及预埋件的隐蔽验收→浇灌基础钢筋混凝土→回填夯实。

主要机具有柴油打桩机、电焊机、桩帽、运桩小车。索具、钢丝绳、钢垫板或槽钢，以及木折尺等。

2. 升压站内房建等施工

升压站内主要布置有中控楼、进线架塔、主变压器基础、车库、库房、检修车间等生产及生活建筑物。施工顺序大致为：施工准备→场地平整→地基处理→基础开挖→基础施工→砖墙砌筑、框架柱梁浇筑→梁、板、屋盖混凝土浇筑→电气管线敷设及室内外装修→电气设备入室。

3. 风力发电机组安装

施工顺序大致为：塔筒安装→风力发电机组安装→叶片安装。

4. 电气设备安装

电气设备安装主要包括站内电气设备安装、箱式变压器安装、场内集电线路敷设等三部分内容。

（1）站内电气设备安装。

具体安装方案，在施工时要参照厂商的设备技术要求和说明进行方案设计。

（2）箱式变压器安装。

1）安装前的准备。

箱式变压器开箱验收检查产品是否有损伤、变形和断裂。按装箱清单检查附件和专用工具是否齐全，在确认无误后，方可按厂家技术要求进行安装。

2）箱式变压器的安装。

箱式变压器采用汽车吊吊装就位。施工吊装要考虑到安全距离及安全风速。吊装就位后要即时调整加固。确保施工安全及安装质量。在安装完毕后，按国家有关试验规程进行交接试验。

（3）场内集电线路敷设。

从每一个发电机组到变电所的输电线路中，所有动力电缆、控制电缆和光缆安装，应按设计要求和相关规范施工，所有电线分段施工，分段验收。每段线路要求在本段箱式变压器安装前完成，确保机组的试运行。

七、吊装平台

1. 基本要求

吊装平台是为风机安装而修建的临时设施，其设置须满足不同容量的风电机组对吊装场地的要求。

2. 吊装平台布置

（1）吊装平台标高应根据风机基础设计标高、场地平整标高、道路衔接处标高而确定。

（2）吊装平台的布置应充分考虑地形条件，一般设置为矩形，在不影响风机基础稳定性和满足设备吊装的前提下，也可设置为不规则的多边形。对于平原微岭区，由于地形平坦，对平台的设计可相对简化。

（3）应综合考虑风机基础、箱式变压器基础、临近的集电线路塔基、吊装机械和设备摆放位置、场内道路途径区域以及现场施工顺序与施工工艺等多方面因素。

（4）吊装平台的设置需保证风机基础、吊装机械等重型设备停放的工作区域，处于原地面的天然挖方区，以保证风机基础的稳定性、吊装和施工的安全性。

（5）当风机基础在吊装平台之内时，风机基础边缘与平台边缘宜不小于 5m 安全距离，基础位置应靠向吊装平台的短边一侧，保证空余场地满足吊装要求。

3. 技术要求

（1）根据不同容量的风电机组的尺寸及吊装方案，具体设置吊装平台的大小，风机平台尺寸参见表 2-9-2。

表 2-9-2　　　　　　　　　　　风机平台尺寸参考表

尺寸　容量（MW）	1.5	2.0	2.0 以上
平台（m）	30×40	40×50	按具体要求设置

（2）当风机基础在紧邻吊装平台之外时（地形受限条件下），吊装平台设计标高不宜低于风机基础标高 0.5m，以免影响风机基础的安全稳定性。

（3）支线道路进入吊装平台时，道路不应直接正对风机基础位置，宜远离风机位置。道路主线应尽可能在吊装平台边缘穿过。

（4）山岭重丘区吊装平台以挖方为主，以保证风机基础和吊装施工的安全性。

4. 特殊地段平台

对于软土地段，平台的设置须碾压夯实。特殊情况下，可采用铺设面层或临时铺设钢板等措施，来增加地基对重型机械的承载力。

平台的边坡可根据不同的地形和地质结构，设置挡土墙或护脚墙以减小放坡，保护生态环境。

八、施工进度与工期

1. 总体施工进度安排原则

（1）以满足风电场发电计划工期确定关键路径，以关键路径为主线安排总体施工进度；

（2）合理安排施工顺序，同一工种的施工班组宜安排连续施工；

（3）在造价合理、相邻施工工序和场地施工干扰小的前提下，宜增加施工工作面加快施工进度；

（4）将各分项工程汇总成单位工程进度计划，形成进度计划的初步方案；

（5）初步方案形成后应检查施工顺序是否合理，工期是否符合要求，劳动力、机械等使用是否均衡，技术间歇、平行衔接是否合理，根据检查情况进行调整、优化。

2. 控制性关键项目施工进度安排原则

（1）风力发电机基础要求不能留施工缝，单个基础浇筑时间一般不超过 12h；

（2）单个风力发电机安装不超过三天；对道路不满足吊装设备直接行走的，加上组装吊机时间后的安装时间不超过 5 天；

（3）升压变电站土建和安装工程不得超过总工期，并且需预留足够的调试时间。

3. 施工工期

施工总工期应符合有关规定和要求。

第十章
场 区 标 识

一、一般规定

（1）风电场设置的安全标识包括安全标志（包括禁止标志、警告标志、指令标志、提示标志）、消防安全标志、道路交通标志（包括警告标志、禁令标志、指示标志等）和安全警示线。

（2）风电场安全标识应使用相应的通用图形标志和文字辅助标志的组合标志。文字辅助标志的设置应符合现行国家标准《安全标志及其使用导则》（GB 2894—2008）的规定。

（3）应在重要设备安全围栏处设置警告牌。对油库、设备材料库、消防设施、主要道路、排洪沟等重要设施和建构筑物作明显标识。

（4）建筑物应有明显的出入口和安全通道标识、安全警示标识。

（5）所有附属设施的孔洞盖板、围栏、平台楼梯栏杆应有明显的色标和醒目的安全警示标牌。

（6）风电场应满足下述航空的要求：

1）风力发电机被确定为航空障碍物时，应对其加以标识；

2）除经民航管理部门许可采用其他标识方式外，风力发电机组的叶片、机舱和塔筒上部 2/3 的部分宜涂成白色；

3）夜间及低能见度环境下需要进行障碍物标识时，应在发电机机舱上设置 A 型中光强航空障碍灯，并使从任何方向接近的航空器都能不被遮挡地看到。

二、建筑物色彩及要求

1. 华能设计元素及色系

华能国际电力股份有限公司自成立以来，始终秉承"三色"公司宗旨。"三色公司"的具体内容：把公司建设成为一个为中国特色社会主义事业服务的"红色"公司，注重环保、科技进步的"绿色"公司，对外开放、学习进步的"蓝色"公司。

风电作为一项可持续利用的清洁能源，风电场建筑设计理念应充分尊重工业建筑原有功能的前提下，契合华能文化，与当地的自然生态环境、人文环境相融合。

2. 色彩依据

（1）本规定中的色彩均按《中国建筑色卡》（GB/T 18922—2008）选定，当使用中采用其他系列色卡时，应进行色彩、明度、色相比对后采用。

（2）使用本规定时，还应符合建筑、消防等设计与施工规程、规范的相关要求。各种油漆、涂料等的施工还应满足相关的施工工艺要求及施工验收规范。

3. 建筑（构）物色调

（1）外观设计原则。

建筑外观充分体现功能性质，形体简洁明快、色彩淡雅、标识醒目，追求建筑与周围环境的协调统一。

（2）建筑外观和主色调。

主要建筑外墙面主色调为灰白，装饰色带为（酞）蓝；附属建筑物主色调以海灰色。建筑屋顶式上可采用平屋顶或坡屋顶，建议采用蓝色坡屋顶。外墙饰面做法可选用面砖或外墙涂料、真石漆等，勒脚贴浅灰色墙砖。

风机塔筒标示及颜色、华能徽标 Logo 的标志制作应符合华能集团的统一要求。

华能徽标标准色选用蓝色，代表严谨、稳重和有朝气，预示着公司的未来会更加辉煌灿烂。

（3）建（构）筑物、装饰色彩推荐表 2-10-1。

表 2-10-1　　　　　建（构）筑物、装饰色彩推荐表

序号	建构筑物	区域	装饰及标识	色彩建议	材料材质	色彩编号
1	生产办公楼	外墙	涂料饰面	灰白	外墙涂料、真石漆	1291
2	综合配电室或 GIS 室	外墙	涂料饰面	海灰	外墙涂料、真石漆	0951

序号	建构筑物	区域	装饰及标识	色彩建议	材料材质	色彩编号
3	泵房、油品库	外墙	涂料饰面	海灰	外墙涂料、真石漆	0951
4	职工宿舍	外墙	涂料饰面	灰白	外墙涂料、真石漆	1291
5	建筑物屋顶	屋顶		（酞）蓝	面砖或钢	1202
6	建筑装饰带	檐口	涂料饰面	（酞）蓝	外墙涂料、真石漆	1202
7	设备围栏		钢制喷漆	浅蓝色	钢制	1201
8	其他辅助用房	外墙	涂料饰面	海灰	外墙涂料、真石漆	0951

三、标志墙、大门、围墙

1. 标志墙及大门

标志墙应采用实体墙体，外挂石材饰面，颜色为白色或灰色。

站区大门宜采用电动伸缩门，门宽应满足站内大型设备的运输要求，大门高度不低于 1.5m。

华能蓝色徽标 Logo 应按标准比例设计，标置于标志墙风场名称的左侧，标志墙"华能国际×××风电场"名称字体为长黑体，材料采用亚克力凸起着金色镶嵌做法。

2. 围墙

升压变电站围墙高度不宜低于 2.3m 高，宜采用砖砌实体围墙，水泥砂浆抹面，刷灰色外墙涂料。当山区取材方便时可采用毛石围墙。城市变电站或对站区环境有要求的升压变电站，墙垛可贴浅灰色仿石面砖，镂空铁艺栏杆或其他装饰性围墙。

3. 围栏

站内设备区安全围栏，可采用蓝色的塑钢网或铁艺镂空围栏，勒脚为砖砌刷灰白色涂料。

第十一章
工 程 投 资

一、编制依据

风电项目工程投资概算编制应遵守以下标准：

（1）国家及省级政府部门有关法律、法规。

（2）国家能源局发布的《陆上风电场工程设计概算编制规定及费用标准》（NB/T 31011—2011）。

（3）国家能源局发布的《陆上风电场工程概算定额》（NB/T 31010—2011）。

（4）中国华能集团公司风电工程年度标杆造价指标。

二、一般规定

（1）大型吊装机械设备进出场费的计列金额执行华能集团年度标杆造价指标中数据（2013 版标杆造价指标为 50 万）。

（2）远程监控接口费用按 150 万元计列，费用编制在设备及安装工程项目划分表中第四项"其他设备及安装工程"中。

（3）生产车辆购置费的计列金额执行华能集团年度标杆造价指标中数据（2013 版标杆造价指标为 120 万）。

（4）房屋建筑工程中建筑物的单价标准，执行华能集团年度标杆造价指标中相对应数据（2013 版标杆造价指标为 2500～3150 元/m²）。

（5）建设单位管理费不再执行概算取费文件，新建容量为 50MW 风电项目按 350 万～450 万元计列。

（6）初设阶段的投资概算，工程前期费、专项专题报告编制费、勘察设计费均按建设单位提供实际数据计列，不在执行定额体系。

（7）初设概算中项目验收费不在执行风电概算取费文件，容量为 50MW 风电项目验收报告按单项 20 万～25 万元计列，风电编规中所列工程质量、水保、环保、安全、消防、档案、劳动卫生、安评、工程竣工决算等八个专项验收费用共 160 万～200 万元。

（8）风电初设概算应详细阅读风电机组设备供货合同或招标文件，已经包含在主机设备费用中的其他概算费用，不得在概算中重复计列。如主机合同包括基础环的设备费；主机合同包括风机与箱变之间的动力电缆材料费；主机合同包括风场内特种运输费用等，这些费用均不得在概算中重复计列。

三、主要设备价格

主要设备价格参考见表 2-11-1。

表 2-11-1　　　　　　　　主要设备价格参考

序号	设备名称及型号规格	单位	参考价格
1	风电机组区分 1.5MW、2.0MW		
1.1	双馈机型		
	1500kW	元/kW	3800～4100
	2000kW	元/kW	3850～4300
1.2	直驱机型		
	1500kW	元/kW	4000～4300
	2000kW	元/kW	4100～4500
2	塔筒（架）		
	塔筒	元/t	8000～10000
3	机组变电站		
	箱式变电站 2200kVA，35kV	万元/台	24～32
	箱式变电站 1600kVA，35kV	万元/台	21～27
4	变压器		
	主变压器 SZ10-100000kVA/220，双绕组	万元/台	450～550
	主变压器 SZ11-50000kVA/220，双绕组	万元/台	300～400
	主变压器 SZ11-100000kVA/110，双绕组	万元/台	400～500
	主变压器 SZ11-50000kVA/110，双绕组	万元/台	200～300
5	配电装置		
	GIS 间隔主变压器进线、出线间隔 110kV	万元/间隔	60～80

序号	设备名称及型号规格	单位	参考价格
	GIS 间隔母联、分段间隔 110kV	万元/间隔	50～65
	GIS 间隔母线设备间隔 110kV	万元/间隔	30～40
	110kV SF$_6$柱式断路器 SF$_6$断路器瓶	万元/组	15～20
	110kV 隔离开关双柱水平开启单接地	万元/组	3～5
	110kV 隔离开关双柱水平开启双接地	万元/组	4～6
	110kV 电流互感器油浸式	万元/台	2～3
	110kV 电压互感器油浸式电容式	万元/台	2～3
	氧化锌避雷器 110kV 避雷器	万元/台	0.5～1.5
6	高压开关柜		
	35kV 高压开关柜，固定式/移开式，出线柜	万元/面	16～22
	35kV 高压开关柜，固定式/移开式，进线开关柜	万元/面	18～25
	35kV 高压开关柜，固定式/移开式，进线隔离柜	万元/面	8～12
	35kV 高压开关柜，固定式/移开式，母线设备柜	万元/面	10～15
	35kV 高压开关柜，固定式/移开式，分段开关柜	万元/面	17～22
	35kV 高压开关柜，固定式/移开式，电容器、电抗器柜	万元/面	19～24
	35kV 高压开关柜 固定式/移开式 站用变柜	万元/面	20～25
7	无功补偿装置		
	35kV SVG 动态无功补偿装置±24Mvar	万元/套	430～520
	35kV SVG 动态无功补偿装置±12Mvar	万元/套	200～290
8	其他设备		
	风功率预测系统	万元/套	55～85
	国家风电信息上报系统	万元/套	40～60

四、财务评价边界条件

财务评价采用统一边界条件宜参照如下进行测算：

（1）计算设备折旧时，按照固定资产原值进行折旧，即要抛除掉设备增值税；20 年残值取 5%，即折旧率按照 4.75%计算。

（2）修理费率：质保期 2 年内按照 0.5%计算，2 年外按照 1%计算。

（3）保险费率：0.25%。

（4）基本预备费率：2%。

（5）职工工资：9.5万元/（年·人），加63%福利；职工人数按照15人计列。

（6）还贷期：15年，宽限期1年。

（7）电价：含送出工程，50km以内按照补贴1分钱计算（0.62元/kW），50km以上按照补贴2分钱计算（0.63元/kW）。

（8）还本付息按照等额本金方式。

（9）材料费定额：10元/kW；其他费用定额：40元/kW。

（10）贷款利率：执行中国人民银行同期发布的"金融机构人民币存贷款基准利率调整表"中利率（目前长期6.55%；短期6%）。

五、工程投资分析

以华能集团2013版标杆造价为基础，按照华能集团财务评价边界条件中的数据，经分析得出：不同标杆上网电价、不同地形、风场标杆电价、资本金财务内部收益率、年等效满负荷小时数、单位千瓦动态投资之间关系见表2-11-2。

表2-11-2　　　　　　　　工程投资分析表（容量50MW）

标杆上网电价 （元/kWh）	地形	资本金财务内部收益率（%）	年等效满负荷小时数（h）	单位千瓦的动态投资（元/kW）	年等效满负荷小时数（h）	单位千瓦的动态投资（元/kW）
I类资源区：0.51	平原及戈壁	8	1880	7375	1955	7744
		10	1970	7375	2055	7744
		12	2060	7375	2150	7744
	丘陵	8	2055	8153	2150	8561
		10	2160	8153	2260	8561
		12	2265	8153	2370	8561
	高原	8	2260	9032	2360	9484
		10	2380	9032	2490	9484
		12	2490	9032	2605	9484
II类资源区：0.54	平原及戈壁	8	1770	7375	1850	7744
		10	1860	7375	1940	7744
		12	1945	7375	2030	7744
	丘陵	8	1940	8153	2030	8561
		10	2045	8153	2135	8561
		12	2140	8153	2235	8561
	高原	8	2135	9032	2230	9484
		10	2250	9032	2350	9484

续表

标杆上网电价 （元/kWh）	地形	资本金财务内部 收益率（%）	年等效满负 荷小时数（h）	单位千瓦的动态 投资（元/kW）	年等效满负 荷小时数（h）	单位千瓦的动态 投资（元/kW）
II类资源区： 0.54	高原	12	2350	9032	2460	9484
III类资源区： 0.58	平原及 戈壁	8	1650	7375	1720	7744
		10	1730	7375	1810	7744
		12	1810	7375	1890	7744
	丘陵	8	1810	8153	1890	8561
		10	1900	8153	1990	8561
		12	1990	8153	2080	8561
	高原	8	1990	9032	2080	9484
		10	2090	9032	2190	9484
		12	2190	9032	2290	9484
IV类资源区： 0.61	平原及 戈壁	8	1570	7375	1635	7744
		10	1650	7375	1720	7744
		12	1720	7375	1800	7744
	丘陵	8	1720	8153	1795	8561
		10	1810	8153	1890	8561
		12	1895	8153	1980	8561
	高原	8	1890	9032	1975	9484
		10	1990	9032	2080	9484
		12	2080	9032	2180	9484

注　1. I类资源区：内蒙古自治区除赤峰市、通辽市、兴安盟、呼伦贝尔市以外其他地区；新疆维吾尔自治区乌鲁木齐市、伊犁哈萨克族自治州、昌吉回族自治州、克拉玛依市、石河子市。

　　2. II类资源区：河北省张家口市、承德市；内蒙古自治区赤峰市、通辽市、兴安盟、呼伦贝尔市；甘肃省张掖市、嘉峪关市、酒泉市。

　　3. III类资源区：吉林省白城市、松原市；黑龙江省鸡西市、双鸭山市、七台河市、绥化市、伊春市，大兴安岭地区；甘肃省除张掖市、嘉峪关市、酒泉市以外其他地区；新疆维吾尔自治区除乌鲁木齐市、伊犁哈萨克族自治州、昌吉回族自治州、克拉玛依市、石河子市以外其他地区；宁夏回族自治区。

　　4. IV类资源区：除I类、II类、III类资源区以外的其他地区。

第三篇　低风速风电场设计

第一章
低风速风电场风能资源的测量与评估

一、低风速风电场定义

本篇主要对低风速风电场设计应重点加强的方面提出设计要求、参照标准，对一般风电场应遵循的标准、规范不再论及。

根据目前风电场开发建设的实践经验、风电机组研制技术水平，以风电场有代表性的位置的年平均风速作为判断依据，将其在 5.2～6.0m/s 范围内的风电场称为低风速风电场。

低风速风电场的设计除应满足一般风电场设计所应遵循的标准、规范，还应根据低风速风电场的具体特点，在风能资源测量与评估、风电机组选型、微观选址等方面重点加强，对风能资源进行精细化利用，并切实进行设计优化，以实现低风速风电场开发的经济效益。

二、低风速风电场风能资源的测量与评估

1. 低风速风电场风能资源测量

山区地形受地形影响较为明显，往往相邻片区而风况相差较大，需要增设较多的测风塔以采集足够的数据，才能准确判定风资源分布状况。

低风速风电场风能资源测量应遵循《风电场风能资源测量方法》（GB/T 18709—2002）的有关规定要求，并根据风电场具体特点适当加密测风位置，见表 3-1-1。

表 3-1-1 低风速风电场测风位置加密估算表

地形特点	风电场容量/面积	测风位置数量及选择
平坦地形	50MW/（50～100km²）	2～3 处，在风电场中心、上风向各 1 处，如有河谷、台地等地形突变地区则在其附近增加 1 处
丘陵、低山地形	50MW/（10～30km²）	3～4 处，在风电场中心、上风向、下风向各 1 处，对于可能的风电机组集中布置地区增加 1 处
复杂地形	50MW/（10～30km²）	对于有 1～3 条山脊线且较为连续、山体较为完整的风电场，如山脊线与主导风向夹角较大，可在各条山脊线大约平均海拔位置的山峰处（不要选择在山峰之间）各选择 1 处测风位置；如山脊线与主导风向平行，则沿每条山脊线上风向、下风向各选择 1 处。 对于山脊线较为凌乱、山体较为破碎、孤立山峰较多的风电场，可在上风向、下风分别在海拔较高、平均海拔位置的山峰以及可能的风电机组集中布置地区选择测风位置
	50MW/（10～30km²）	复杂混合地形（山地、平原过渡地带，河谷）在不同海拔高度的上风向选择测风位置

2. 低风速风电场风能资源评估

低风速风电场风能资源评估应遵循《风电场风能资源评估方法》（GB/T 18710—2002）的有关规定要求，并做好以下评估工作：

（1）对多个测风塔数据进行分析并进行相关性检验，如多个测风塔之间风速、风向有差别，相关性较差，则表明风电场区域风况差别较大，应区分风电场的不同风况区域并分别进行分析评估。

（2）在 1:2000 地形图上绘制高分辨率的风能图谱，对于在同一风电场存在不同风况的复杂情况，则应根据不同风况区域分别绘制风能图谱。

第二章
低风速风电场的机型选择和
低风速风电场的微观选址

一、低风速风电场的机型选择

低风速风电场风能资源等级较低，要求风电机组有更高的风能捕获能力与转化效率，在机型选择上应围绕上述两点进行比较分析，并重点做好以下方面的工作。

1. 叶轮直径比选

根据风电场适用安全风速、湍流强度等级，选择不同叶轮直径的机型进行比选，确定适用的风电机组叶轮直径。

2. 轮毂高度比选

根据风电场适用安全风速、湍流强度等级。

3. 施工安装条件分析

针对低风速风电机组具有的长叶片、高塔筒、基础荷载较大等特点，结合风电场施工、安装、运输条件进行分析，确定适用风电机组。

4. 经济性分析

针对低风速风电机组造价相对较高、施工工程量较大、运输安装费用较大等特点，结合发电量、风电场所在地区工程造价进行经济性分析，充分考虑风电场所在地区项目建设的边际费用，确定适用风电机组。

二、低风速风电场设计的微观选址

低风速风电场微观选址难度较大，低风速风电场整体风速较低，随地形变化极为敏感，风速往往在风机投资效益的门槛附近变化，因此精选风机位置对低风速风电场微观选址更为重要。

低风速风电场微观选址应重点关注以下几个方面。

1. 以发电量最大化为标准，优化机位

低风速风电场由于风能资源较丰富，因此对风机的位置要求更高。要得到最优化的风机位置，需把控好微观选址的几个重要环节。

（1）首先是地形图的测量，应对现场进行准确的地形测绘，得到大比例尺的地形图。

（2）获得准确的测风数据及相关性较好的长期测站气象数据，并进行正确的处理。

（3）制作准确的风电场流场模型，选择用于山区的风资源软件，最好选择采用CFD技术原理的软件，建立精细网格，绘制高分辨率的风能图谱。

（4）获取准确的风电场土地、交通、场内各类设施、居民点、敏感地带等详细资料，绘制准确的风机避让区划图。

（5）对多种风机布置方案进行对比分析，风机间距不应固定的叶轮直径倍数关系，综合考虑发电量、尾流、敏感位置避让、施工安装、道路、线路等因素，提出主选方案及备选方案。

（6）现场选址应该在现场核对地形地物，复核机位的合理性，并做好机位调整记录。

（7）对现场选址成果进行计算复核，最终确定微观选址成果。

根据风电场的具体条件，以上过程有可能需反复进行优化验证，并辅以经济技术对比才能确定最终成果。对于低风速风电场，总体上要掌握好：获得准确资料、多方案对比、进行现场选址复核三个主要方面，才能得到发电量最大的微观选址成果。

2. 充分考虑运输、施工、安装条件对机位的影响

由于低风速风电场总体经济效益往往处于临界状态，因此应进行严格的建造成本控制。低风速风电场由于风机叶片长度、塔筒高度、整机重量均较大，其运输、施工、安装造价相应也较高，因此在微观选址中，在保证发电量的前提下，应尽量

降低运输、施工、安装的难度，尤其在山区、丘陵地形，更应注意上述问题，同时进行技术经济比较，与发电量综合考虑，优选微观选址方案。

3. 控制风电机组发电量尾流损失

根据风电场地形、主导风向、风况分布特点，合理安排风电机组间距。在用地较为紧张的地区，应使风电机组发电量尾流损失、风电机组数量、排布方式得到较好的平衡。尾流控制标准见表 3-2-1。

表 3-2-1　　　　　　　　　低风速风电场风电机组尾流控制表

尾流损失（%）	占全部风电机组的百分比（%）
10	0
8～10	≤10
6～8	≤25

4. 充分考虑土地征用、敏感地带避让问题

同样出于对低风速风电场的经济效益的考虑，对耕地、林地、压矿、高压线、交通线、村庄、通信设施以及文物、军事设施等敏感地带的避让应充分考虑，避免支出高额的补偿费用。

第三章
低风速风电场的设计优化

低风速风电场由于风能资源质量较差，使得经济效益往往处于盈亏临界点附近，必须尽量降低投资成本以提高经济效益。设计优化是节约投资、提高效益的重要技术手段，在低风速风电场设计中应考虑以下几个方面的优化。

1. 风电场容量规模优化

根据风电场实际风能资源条件，根据风场面积选择合适的容量规模，不应盲目扩大容量。应以全年等效满负荷小时数衡量，根据不同地域风电场造价水平，单台风电机组上网电量一般不小于 1800h 以上。

2. 风资源分析应精细而准确

低风速风电场的风能资源相对较差，风速、风向的波动对发电量的影响较为敏感，因此对风资源分析的准确性要求较高。

低风速风电场风能资源分析应更加重视测风数据的质量，测风数据应尽量具有代表性、完整性、可靠性，应做好测风塔的选点、运行维护、数据保存。

3. 选择适合风电场风况、建设条件的风电机组

低风速风电场对风电机组选型要求较高。根据风电场风况进行优化设计的机型。目前低风速风机型号逐渐增多，可供选择的机型范围逐步扩大，因此根据低风速风电场具体风况选择合适的机型成为可能。由于低风速风电场的特点，其造价往往相对较高，因此进行多种方案的技术经济比较更为重要。

4. 微观选址

由于低风速风电场的特点，根据不同风电场的具体建设条件确定风机布置方

案。微观选址应力求发电量与道路、线路、施工、土地占用等方面的最佳平衡。

5. **集电线路优化设计**

对风电场集电线路从形式、回数、路径、线缆型号选择、杆塔型式选择等各方面进行优化，务求降低造价、工程量、施工难度。

6. **道路优化设计**

对风电场内道路从路径、长度、工程量等方面进行优化，务求降低造价、工程量、施工难度。

7. **风电机组基础优化设计**

对于低风速风电机组，在保证安全的前提下，对基础形式、工程量进行优化。

8. **升压变电站设计优化**

升压变电站设计应选择合理位置，有利于缩短道路、集电线路长度，以降低造价、线路损耗，对低风速风电场的升压变电站，在保证满足设计规范的前提下，对设备选型、安装施工等方面进行设计优化。对升压变电站土建工程进行设计优化，尽量降低工程量，减少附属工程。

第四篇　专题报告汇编

第一章
传统重力式风机基础设计实例

一、工程等级及主要建筑物级别

某工程共安装 25 台单机容量 2.0MW 的风力发电机组。全场采用一机一变，共选用 25 台 35kV 箱式变压器，风电机组出口电压经箱式变压器升至 35kV。

根据《风电场工程等级划分及设计安全标准（试行）》（FD 002—2007），按照升压变电站电压等级及总装机容量划分，其工程等别为 II 等，工程规模为大（2）型，主要建筑物级别为 2 级。

根据《风电场工程等级划分及设计安全标准（试行）》（FD 002—2007），2.0MW风电机组预装轮毂高度 85m，机组塔架地基基础设计级别为 I 级，其安全等级为一级。

本工程风电机组塔架基础等主要建（构）筑物的抗震设防烈度为 7 度，设计基本地震加速度值为 0.15g，设计地震分组为第三组。

二、设计依据

1. 设计采用的主要规程规范

（1）《建筑结构制图标准》（GB/T50105—2010）。

（2）《建筑地基基础设计规范》（GB5007—2011）。

（3）《建筑结构可靠度设计统一标准》（GB50068—2001）。

（4）《风电场工程等级划分及设计安全标准（试行）》（FD002—2007）。

（5）《风电机组地基基础设计规定（试行）》（FD 003—2007）。

（6）《混凝土结构设计规范》（GB 50010—2010）。

（7）《高耸结构设计规范》（GB 50135—2006）。

（8）《建筑结构荷载规范》（GB 50009—2012）。

（9）《建筑抗震设计规范》（GB 50011—2010）。

（10）《中国地震动参数区划图（2008 修订）》（GB 18306—2001）。

2. 场区工程地质条件

工程区地处某盆地及绕其周边绵延的山脉、山地，在地质构造上属扬子地台。主要为二叠系上统强中风化玄武岩，上覆第四系残坡积和崩积土层。场区未发现崩塌、滑坡、泥石流、岩溶等不良地质现象，场地稳定性较好，工程建设较为适宜。

其岩性特征由上至下叙述如下：

（1）粉土（Q4el+dl）（层号①）：黄褐色，松散，稍湿，干强度低、韧性低、无光泽反应、摇振反应中等，含云母、石英、植物根系，夹碎石。该层层底高程 2779.60～3124.60m，一般厚度 0.40m，平均厚度约 0.40m。

（2）碎石（Q4c+dl）（层号②）：黄褐色，密实，以棱角形为主，磨圆度较差，主要成分为玄武岩、石英岩，一般粒径 2～5cm，最大粒径 20cm，充填粉土。该层层底高程 2777.60～3122.40m，一般厚度 2.00～2.20m，平均厚度约 2.07m。

（3）强风化玄武岩（P2）（层号③）：浅黄、浅灰色，块状构造，节理裂隙发育，岩芯呈碎块短柱状，锤击易碎。该层层底高程 2771.60～3116.20m，一般厚度 6.00～6.20m，平均厚度约 6.07m。

（4）中等风化玄武岩（P2）（层号④）：浅灰、青灰色，块状构造，节理裂隙发育较差，岩芯呈碎块短柱状，锤击不易碎。该层层底未揭穿，最大揭露厚度 11.60m，揭露最低层底高程 2760.00m。

根据对各岩层的现场原位试验结果，按拟建场区各岩层分层分别进行了数理统计，统计结果见动力触探试验统计表。

根据试验结果，参考《工程地质手册》中的相关经验公式和图表并结合《建筑地基基础设计规范》（GB 50007—2011）中的相关规定，确定地基土的主要物理力学性质指标值，各岩层的承载力特征值见表 4-1-1。

表 4-1-1 各岩、土层地基土承载力特征值

成因年代	土层编号	岩土名称	承载力特征值 f_{ak}（kPa）	黏聚力 c（kPa）	内摩擦角 φ（°）	压缩模量 E_s（MPa）
Q4el+dl	①	粉土	100	15	25	4.0
Q4c+dl	②	碎石	180	2	35	15.0
P2	③	强风化玄武岩	400	1600	40	—
	④	中风化玄武岩	1000			—

3. 地震动参数及地震效应

根据《建筑抗震设计规范》（GB 50011—2010）附录 A 规定，拟建场地的抗震设防烈度为 7 度，设计基本地震加速度值为 0.15g，设计地震分组为第三组。本场地不存在饱和粉土及砂土，根据《建筑抗震设计规范》（GB 50011—2010）中相关条款规定，该场地可不考虑地震液化影响。根据《工程地质手册》的相关公式，结合拟建场地地层分析，拟建场地覆盖层的剪切波速为 230～400m/s，依据《建筑抗震设计规范》（GB50011—2010）表 4.1.3 和表 4.1.6 之规定，可确定该场地土类型为中硬土及岩石，综合判别建筑场地类别为 II 类。

4. 风机参数

本设计采用某风机厂家提供的 FD108-2000kW 机型，风机基础设计荷载见表 4-1-2。

表 4-1-2 FD108-2000kW 风机基础设计荷载标准值

工况名称	F_x（kN）	F_y（kN）	F_z（kN）	M_x（kNm）	M_y（kNm）	M_z（kNm）
正常运行荷载工况	364.2	0	2992.2	30725	0	523.3
极端荷载工况	752.7	0	2928.8	65593	0	−1694.3
多遇地震工况	724.134	0	2785.761	56880.779	0	523.3
罕遇地震工况	2232.013	0	1920.948	166451.592	0	523.3

注 荷载安全系数均取 1.00。

三、基础方案拟订

根据《风电机组地基基础设计规定（试行）》（FD 003—2007），按照风电机组的单机容量、轮毂高度和地基复杂程度，本工程地基基础设计级别为 1 级；根据风电场工程的重要性和基础破坏后果的严重性，本工程风电机组基础结构安全等级为一级，结构设计使用年限为 50 年。根据《建筑工程抗震设防分类标准》（GB 50223—2008），

按照建筑物使用功能重要性划分，本工程抗震设防类别为丙类。

因风机为高耸构筑物，受水平风荷载时，其水平力和底部弯矩很大，并且风机对塔架倾斜较敏感，对基础不均匀沉降要求较高。风机微观选址时注意避开地质断裂带和局部发育张开大、充填泥土的裂隙。

根据地勘报告，风机基础拟采用钢筋混凝土圆形扩展基础，采用天然地基，持力层为第③层强风化玄武岩。当个别机位第③层强风化玄武岩埋藏较深，采用天然地基不能满足要求时，拟采用C20毛石混凝土进行换填处理。

四、风机基础设计计算

1. 计算软件

软件选用中国水电工程顾问集团公司、水利水电规划设计总院、北京木联能软件技术公司CFD风机工程软件——机组塔架地基基础设计软件V6.0。

2. 风机基础计算报告

（1）基础外形尺寸。

本着结构安全和造价经济的原则，经多次试算，确定基础尺寸见图4-1-1。

基础尺寸为：

1）基础底板半径 R=9.7m。

2）基础棱台顶面半径 R_1=3.2m。

3）基础台柱半径 R_2=3.2m。

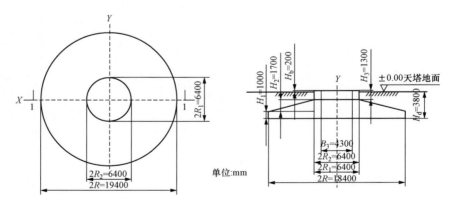

图 4-1-1　确定基础尺寸

4）塔筒直径 B_3=4.3m。

5）基础底板外缘高度 H_1=1m。

6）基础底板棱台高度 H_2=1.7m。

7）台柱高度 H_3=1.3m。

8）上部荷载作用力标高 H_b=0.6m。

9）基础埋深 H_d=3.8m。

（2）上部结构传至塔筒底部的内力标准值。

1）荷载分项系数：

①永久荷载分项系数（不利/有利）：1.2/1。

②可变荷载分项系数（不利/有利）：1.5/0。

③疲劳荷载分项系数：1。

④偶然荷载分项系数：1。

⑤结构重要性系数：1.1。

⑥荷载修正安全系数：1.35。

2）地震工况计算相关参数：

①地区基本烈度：7 度（设计基本地震加速度值为 0.15g）。

②场地类别：Ⅱ。

③设计地震分组：第三组。

工况名称	F_x（kN）	F_y（kN）	F_z（kN）	M_x（kNm）	M_y（kNm）	M_z（kNm）
正常运行荷载工况	364.2	0	2992.2	30725	0	523.3
极端荷载工况	752.7	0	2928.8	65593	0	-1694.3
多遇地震工况	724.134	0	2785.761	56880.779	0	523.3
罕遇地震工况	2232.013	0	1920.948	166451.592	0	523.3

（3）基础底面脱开面积比。

工况名称	偏心距	偏心距/底板半径	允许最大比值	结论
正常运行荷载工况	1.469	0.151	0.25	满足
极端荷载工况	3.14	0.324	0.43	满足
多遇地震工况	2.419	0.249	0.25	满足

（4）承载力复核。

工况名称	p_k（kPa）	f_a（kPa）	结论	P_{kmax}（kPa）	$1.2f_a$（kPa）	结论
正常运行荷载工况	100.068	841.36	满足	160.678	1009.632	满足
极端荷载工况	107.878	841.36	满足	231.648	1009.632	满足
多遇地震工况	99.37	1262.04	满足	198.477	1514.448	满足

（5）沉降验算。

工况名称	沉降量（mm）	允许沉降量（mm）	结论	倾斜率	允许倾斜率	结论
正常运行荷载工况	1.615	100	满足	0.0001	0.004	满足
极端荷载工况	1.601	100	满足	0.0002	0.004	满足
多遇地震工况	1.57	100	满足	0.0001	0.004	满足

（6）稳定性复核。

工况名称	抗滑计算安全系数	抗滑允许安全系数	结论	抗倾覆计算安全系数	抗倾覆允许安全系数	结论
正常运行荷载工况	41.255	1.3	满足	6.37	1.6	满足
极端荷载工况	22.386	1.3	满足	2.982	1.6	满足
多遇地震工况	31.325	1.3	满足	3.868	1.6	满足
罕遇地震工况	11.633	1	满足	1.427	1	满足

五、单台基础主要工程量

经多次设计计算对比后，拟订本工程传统重力式圆形扩展基础埋深为 3.8m，风机基础底板直径为19.4m，单台风机基础C35F50混凝土量为579m³，C15垫层混凝土量为46m³，钢筋量为61t。

第二章

华能湖南某风电场接地工程专题报告

第一节　风电接地工程概况

一、风电场情况简述

根据湖南省风能资源分布特点、地形地貌特征，湖南省除洞庭湖周边风电场属平原风电场类型，其余规划风电场基本均是山地风电场。山地风电场接地工程特性有以下特点：

（1）雷击率高：山地风电场一般位置雷击较为频繁的地区，风电机组设备本身一般超100m，高度较高，设备被雷击率相对较高；接地网的设计尤为重要。

（2）土质差：山区一般土层大多为风化石，沙土，甚至没有土层，以石头为主，降阻困难。

（3）土壤电阻率高：山区土壤电阻率普遍较高，一般在 3000Ω·m，如：本工程最高土壤电阻率达 20000Ω·m，常规降阻不可行。

（4）地形条件差：风机布置一般位置山顶，可用场地少，地势险峻，地形复杂，给接地工程设计带来了较大的困难。

（5）南方酸性土质：有些接地装置在建成初期是合格的，但经一定的运行周期后，接地电阻就会变大，除了前面介绍的由于施工时留下的隐患外，以下一些问题也值得注意。一是由于接地体的腐蚀，使接地体与周围土壤的接触电阻变大，特别是在山区酸性土壤中，接地体的腐蚀速度相当快，会造成一部分接地体脱离接地装置。二是在接地引下线与接地装置的连接部分，因锈蚀而使电阻变大或形成开路。三是接地引下线、接地极受外力破坏而损坏等。

二、风电场地形地貌

本工程位于雪峰山脉，雪峰山位于湖南省境中部偏西，中国第二级地势阶梯的南段转折带云贵高原东坡过渡到江南丘陵的东侧边缘，是较独特的地理单元。雪峰山属"原始江南古陆"的西南段，呈向北西突出的弧形构造。广泛分布前震旦系冷家溪群、板溪群一套由浅变质的板岩、变质砂岩及千枚岩组成的地层，震旦系变质碎屑岩亦发育良好，早古生代寒武—志留系的板岩。风电场场址区位于杨子地台的靖洲—安江—常德逆冲压性构造断裂带与城步—隆回—桃江张性构造断裂带之间。

三、风电场气象条件

风电场所在地区属中亚热带季风湿润气候区，阳光充足，雨量丰沛，气候温和，四季分明，无霜期长。年平均气温在 17℃ 左右。地势越高气温越低。最冷的 1 月份平均气温在 5.6℃ 左右，极端最低气温为 −11.1℃；最热的 7 月份平均气温为 27.7℃，极端最高气温为 39.9℃。年平均湿度约为 70%；无霜期年平均为 304d，夏无酷暑，冬无严寒，四季分明；年平均降雨量为 1361mm 左右，4～8 月份为雨季，降雨量约占全年的 42%；年平均日照 1354.3h。区域气象特征主要参考某气象站长系列观测资料，统计成果见表 4-2-1。

表 4-2-1   某气象站主要气象要素统计成果

气 候 要 素		单 位	数 值	备 注
气温	年平均气温	℃	17.0	
	年极端最高气温	℃	39.9	
	年极端最低气温	℃	−11.1	
降水	年平均降水量	mm	1360.9	
	年最多降水量	mm	1695.2	
	年最少降水量	mm	863.7	
	最大日降雨量	mm	226.0	
气压	年平均气压	hPa	995.3	
	年平均水气压	hPa	17.1	

续表

气　候　要　素		单　位	数　值	备　注
雷暴	年平均雷暴日数	天	57	
	年最多雷暴日数	天	72	
	年最少雷暴日数	天	39	
其它要素	年平均冰冻日数	天	1.9	
	最大积雪深度	cm	22.0	
	年平均冰雹次数	次	1.1	
	年平均雾日	天	50	

风电场位于高山山脊，与气象站有一定距离，风电场与气象站的气象要素必然存在一定差异。

首先，由于场址处于地形抬升区域，与气象站相比，场址区内的降水量可能会略大、雷暴日数可能会更多，因此需注意降水、雷暴对本风电场运行产生的不利影响。

其次，气象站的极端最低温度达到-11.1℃，场址海拔比气象站高，因此其气温相应会略低一些，会出现结冰现象。

总体而言，场址气候条件比气象站恶劣，会出现结冰现象，雷暴较为频繁。

四、风电场场区地震

根据《中国地震动峰值加速度区划图》（GB 18306—2001）及《建筑抗震设计规范》（GB 50011—2010），场址地震动峰值加速度小于 0.05g，地震动反应谱特征周期为 0.35s，相应于地震基本烈度小于Ⅵ度，设计地震分组为第一组。

五、场址区域地层岩性

场址区域地层由老至新叙述如下：

1. 震旦系

（1）江口组。

1）第一段 Zaj1：暗绿色砂质板岩、石英砂岩，含砾砂质板岩，厚度为 1250m。

2）第二段 Zaj4：上部为暗绿色长石石英砂岩，石英砂岩具交错层理，中部夹含砾砂质板岩，下部为暗绿色砂质板岩，厚度为 920～1150m。

3）第三段 Zaj3：上部为绿泥石板岩，含铁碧玉岩，绿泥石砂质板岩 绿泥石砂岩，中下部为暗绿色砂质板岩，砾石含量为 5%～10%，计有板岩、砂岩、石英脉和花岗岩。砾径一般为 2～3cm，最大为 10～15cm，厚度为 615～798m。

4）第四段 Zaj4：上部为含锰灰岩、砂质板岩、砂岩、板岩和粉砂岩，中下部为长石石英砂岩、石英砂岩、局部含砾砂质板岩，厚度为 540m。

（2）南沱组 Zan：上部及中，下部分别为灰黑色、暗绿色冰碛砾岩，砾岩有大理岩、含锰灰岩，含铁石英砂岩，石英脉、花岗岩，砾径为 0.5～30cm，厚度为 170～1190m。

（3）陡山沱组 Zbd：灰色、深灰色砂质板岩、板岩等，厚度为 13～37m。

（4）灯影组 Zbdn：灰色、深灰色硅质岩，厚度为 43～86m。

2. 寒武系

小烟溪群 ε1xy：灰黑色板岩、硅质板岩，厚度为 324m。

另在沟谷缓坡及冲沟低洼处部分地段分布有巨大块石、块石、砂砾石土（属山间～沟谷冲积物，厚度为 3～8m，局部厚度＞10m）。

场址区构造：

（1）褶皱。

1）吊脚楼背斜：轴向 N10°～15°E，轴面倾向 NE，背斜核部为元古界板溪群地层，两翼为震旦系江口组、沱江组地层。场址北端位于该背斜构造上。

2）罗翁～麻溪向斜：轴向 N15°～45°E，向斜核部为奥陶系下统白水溪群，两翼为寒武系中上统 Є2-3，以及下统小烟溪群 Є1xy。该向斜构造分布于场址中南部区域。

（2）断裂构造。

1）北北东向 F1：（忱家坡—土地塘）逆断层，倾向 NW、倾角为 40°，长度约大于 15km。

2）北北西向 F2：（梁家溪—龙坪山）正断层，倾北西，倾角为 30°～50°，长度大于 18km。

3）北东向 F3：（肖家坳上—王公店）逆断层，倾向 SE，倾角为 50°，长度约 30km。

风电场主要以砂质板岩、板岩、冰碛砾岩、石英砂岩为主，属较软岩～坚硬岩石，不利于常规接地工程设计。

六、风电场土壤电阻率

1. 风机位置土壤电阻率

根据工程地勘报告所描述的风机场址区域地球物理电性特征，设 ρ_1 为表层土壤电阻率（埋深 0～8m），ρ_2 为中层土壤电阻率（埋深 8～20m），ρ_3 为底层土壤电阻率（埋深 20～50m），则：

（1）$\rho_1 < 1000\Omega \cdot m$，即表层土壤电阻率小于 $1000\Omega \cdot m$ 的风机机位划分为 A 类型风机。共 5 个机位（N012、N050、N057、N059 和 N069），平均土壤电阻率为 $760\Omega \cdot m$。

（2）$\rho_1 > 1000\Omega \cdot m$ 且 ρ_2（ρ_3）$< 1000\Omega \cdot m$，即表层土壤电阻率大于 $1000\Omega \cdot m$，中（底）层土壤电阻率小于 $1000\Omega \cdot m$ 的风机机位划分为 B 类型风机。共 25 个机位（N030～N035、N037～N041、N043、N044、N048、N051、N052、N060、N062、N065、N070～N075）平均土壤电阻率 $\rho_1 = 2715\Omega \cdot m$，$\rho_2 = 700\Omega \cdot m$。

（3）$\rho_1 > 1000\Omega \cdot m$ 且 $1000\Omega \cdot m < \rho_2$（$\rho_3$）$< 3000\Omega \cdot m$，即表层土壤电阻率大于 $1000\Omega \cdot m$，中（底）层土壤电阻率在 1000～3000$\Omega \cdot m$ 的风机机位划分为 C 类型风机。共 20 个机位（N03、N04、N06、N09、N10、N011、N013、N021、N025、N026、N027、N036、N042、N053、N056、N058、N063、N064、N066 和 N068），平均土壤电阻率 $\rho_1 = 2795\Omega \cdot m$，$\rho_2 = 1710\Omega \cdot m$。

（4）$\rho_1 > 1000\Omega \cdot m$ 且 $3000\Omega \cdot m < \rho_2$（$\rho_3$）$< 5000\Omega \cdot m$，即表层土壤电阻率大于 $1000\Omega \cdot m$，中（底）层土壤电阻率在 3000～5000$\Omega \cdot m$ 的风机机位划分为 D 类型风机。共 13 个机位（N02、N05、N07、N016、N028、N029、N045、N046、N047、N049、N054、N055 和 N067），平均土壤电阻率 $\rho_1 = 3300\Omega \cdot m$，$\rho_2 = 3665\Omega \cdot m$，$\rho_3 = 1775\Omega \cdot m$。

（5）$\rho_1 > 1000\Omega \cdot m$ 且 $5000\Omega \cdot m < \rho_2$（$\rho_3$）$< 10000\Omega \cdot m$，即表层土壤电阻率大于 $1000\Omega \cdot m$，中（底）层土壤电阻率在 5000～10000$\Omega \cdot m$ 的风机机位划分为 E 类型风机。共 9 个机位（N08、N014、N017～N019、N022～N024 和 N051），平均土壤电阻率 $\rho_1 = 5660\Omega \cdot m$，$\rho_2 = 6165\Omega \cdot m$，$\rho_3 = 3370\Omega \cdot m$。

（6）$\rho_1 > 1000\Omega \cdot m$ 且 ρ_2（ρ_3）$> 10000\Omega \cdot m$，即表层土壤电阻率大于 $1000\Omega \cdot m$，中（底）层土壤电阻率大于 $10000\Omega \cdot m$ 的风机机位划分为 F 类型风机。共 3 个机位（N01、N015 和 N020），平均土壤电阻率 $\rho_1 = 6265\Omega \cdot m$，$\rho_2 = 10336\Omega \cdot m$，$\rho_3 = 4078\Omega \cdot m$。

2. 升压变电站土壤电阻率

（1）根据地勘报告所描述的所址区域地球物理电性特征，所址范围土壤电阻率分布如下：

ρ_1 为表层黏土，厚 0～8m，电性参数 ρ_{s1} 在 962～1681$\Omega \cdot m$。

ρ_2 为强风化板岩，厚 8～25m，电性参数 ρ_{s2} 在 107～627Ω·m。

ρ_3 为中等风化板岩，电性参数 ρ_{s3} 在 214～462Ω·m。

由于区域表层土壤厚达 8m，所以土壤电阻率取值取表层土壤电阻率即 1321Ω·m。

（2）风电场防雷接地的主要措施及方案

风力发电机组是风电场最贵重的设备，价格占风电工程总投资 70%以上。风机分散布置在旷野，其自身防雷有以下特点：

1）属高建筑，高度在 120m 以上；

2）安置的位置突出且空阔经常暴露于雷击之中；

3）最容易受到雷击的部件如叶片、机舱盖通常是用复合材料制成，不能够承受直接雷击或传导雷电流；

4）叶片和机舱处在旋转状态中；

5）雷电流必须通过安置风机的建筑物传导到地，由此雷电流的主要部分将通过或者接近风力涡轮机的所有部件；

6）风电场由于山势地形影响接地条件较差。

第二节　风电场防雷接地主要处理方案

风机若遭受雷击，除了损失修复期间应该发电所得之外，还有受损部件的拆装和更新的巨大费用。世界每年有 1%～2%的风机叶片遭受雷击。雷击常引起机电系统的过电压，造成风机自动化控制和通信元件烧毁、发电机击穿、电气设备损坏等事故。所以，雷害是威胁风机安全经济运行的严重问题。因风机的构造特点，其自身犹如一基天然的引雷塔，雷电流通过风机本身的防雷引下装置流入接地装置，散流于大地。因此，良好的接地系统是保证雷击过程中风电机组安全的必备条件。根据《风力发电机组装配和安装规范》（GB/T 19568—2004）要求设计，风机接地系统包括风机以及箱式变压器的工作接地，保护接地及防雷接地，其工频接地电阻值接地电阻应≤4Ω。如果风电机组所处位置的土壤电阻率较高，按照一般电气设备的接地方式设计风电机组的接地系统显然不能满足其安全要求，必须采用高效、可靠的接地降阻材料和优化的解决方案，在风机周围有效的距离内解决接地电阻和安全性问题，现行接地电阻的主要方案如下：

1. 更换土壤

此方法是利用电阻率较低的土壤，替换原有电阻率较高的土壤，替换范围一般在接地体周围 0.5m 内和垂直接地体三分之一处。

此方法主要考虑土壤的选取，而南方山地风电场土壤电阻率一般较高，此方案可操作性不大。

2. 利用缓释回填料进行降阻

在接地极周围敷设缓释回填料后，可以起到增大接地体几何尺寸，降低与周围大地介质之间的接触电阻的作用。

另一方面，缓释回填料成分中含有强电解质物质，能改善降低土壤电阻率，因而能降低接地电阻。用于小型地网时，效果较为显著。对于大中型地网，必须考虑到相互间的屏蔽作用。可采取四周铺设（外围），网格每隔两个敷设一个。

3. 常规深井接地法

该方案为垂直接地极在长度上的延伸。主要利用下列措施来降低接地电阻：①增加接地极的长度 L；②利用电阻率较低的深层土壤；③在接地极周围形成低电阻率材料填充区，等于有效加大了接地体几何直径。

条件：适用于上层土壤厚度小且下层土壤电阻率小的土壤结构分层区，因此，必须先仔细勘察测量，找出低电阻率土壤层。

常规角钢制作的垂直接地极在中、低电阻率土壤的降阻作用较为明显，但随着电阻率的增加，常规的接地极将达不到要求，而特殊接地极的降阻效果为普通接地极的数倍（不同接地产品的降阻效果不一），因此针对高电阻率的地质情况可采用深井接地，配合特殊接地极方案。

4. 深井爆破法

深井爆破接地极除利用常规深井接地极降阻的有利因素外，还利用人工爆破的方法使地下产生一定数量的裂缝，贯穿地下原先固有的裂隙，使用低电阻率材料进行加压填充，从而改善接地极周围土壤的电阻率分布和散流性能，在地下较大范围形成一个网状，向外延伸的散流带。加大了接地极与土壤的接触，大幅度增大了接地极的等效直径。

该方案操作难度及安全隐患较大，且有可能对山体造成破坏性的影响，爆破后可能影响风机基础的稳定，造成安全隐患，因此不建议采用深井爆破法。

5. 深水井接地

适合于常年有地表水补充或在接地极所能到达深度有地下水流动的地区，利用聚积地下水的空间，充分利用土壤中的地下水，在深水井周围形成一个由远到近，土壤湿度逐渐增大，土壤电阻率逐渐降低的区域，同时，地下水可使接地极导体与周围土壤的空隙得到填充，从而降低了接地极与土壤的接触电阻。

深水井接地适用于有一定地下水含量、透水能力强、空隙度大的土壤，更适用于土壤分层结构、在各层土壤中有一层是明显的含水层或隔水层的地区。而山地风电场本身缺水，且风机点位位于各个山峰或山脊，因此该方案基本不可行。

6. 外引接地装置

在场站周围 2km 范围内有低电阻率土壤或河流湖泊时，可采用外引接地装置的方法，长度不宜超过 100m。但对外引接地装置要经严格的跨步电压计算，要采取预防跨步电压的措施，防止外延处跨步电压伤人，要有防止被破坏的保护措施，要采取多条连接线与主地网可靠连接。

根据以上几种方案的初步分析比较，针对于山地风电场接地的降阻设计，可采用利用缓释回填料进行降阻、深井接地配合特殊接地极、外引接地装置方案结合施工。

第三节　风电场接地设计方案

一、风机接地设计部分

（一）常规接地部分

风机接地网首先充分利用风力发电机基座基础接地、水平接地极和垂直接地极作为自然接地体，即风机基座基础接地网、环形水平接地扁钢及辐射水平接地扁钢主要起联接和均压作用，而扩散雷电流的任务主要由垂直接地极完成，根据现场实际情况及土壤电阻率敷设人工接地网，以满足接地电阻不大于 4Ω 的要求。

单台风电机接地装置采用以风机中心为圆心，设置 60×6mm 热镀锌扁钢为环形水平接地体。在原有基座基础的接地内环和接地外环的基础上，在距以风机中心为圆心，半径约为 9m 处（考虑风机平台的实际情况），设置一圈接地均压环，圆环敷设在混凝土基础外开挖的基坑内，半径以及形状根据风机基础的开挖情况和现场情况而定。在均压环上每隔约 10m 打一根L50×5，2500mm 的热镀锌角钢，共 10 根（局部遇到岩石处，以打到岩石为止）。

基础接地网引出 4 处接地线与风机塔筒内部接地线可靠连接；箱变接地网引出

2处接地线与风电机基础接地网可靠连接，水平接地体采用60×6mm热镀锌扁钢，垂直接地体采用L50×5，2500mm的热镀锌角钢。

根据初步计算常规接地设计方案难以满足电阻值要求，因此需要采用特殊接地极进行降阻。

（二）单台风力发电机基础接地网降阻设计

本次风机机位接地降阻根据风机机位土壤电阻率的不同，采取不同的方法进行降阻。

对于表层土壤电阻率不大于1000Ω·m的风机机位，拟采用外引水平接地体的方法进行降阻；对于表层土壤电阻率大于 1000Ω·m，中层或底层土壤电阻率较小的风机机位，拟采用深井法进行降阻。

1．风机机位的降阻方案（A类型）

（1）方案描述。

1）工程在风机常规接地网的基础预留外引接口处，沿道路从两个方向向外辐射外引接地网，共外引水平接地体200m。

2）在外引接地线上进行接地开挖钻孔，开挖φ180mm，深3000mm的基坑，埋设特殊接地极—离子接地极。

3）箱式变压器接地网采用60×6mm热镀锌扁钢围绕箱式变压器基础一周，并采用4根L50×5，2500mm热镀锌角钢作为集中接地装置。

4）在实际施工时，可能由于地理环境的影响，需根据实际情况，调整接地线的敷设位置，实测接地电阻值，保证接地电阻值达到设计要求。必要时，相邻机位风机的接地网可采取多点连接，组成联合接地网。

（2）接地电阻验证计算。

1）水平接地体接地电阻计算。

水平接地体形状系数A，根据《交流电气装置的接地设计规范》（GB/T 50065—2011），取值为1。

计算公式和过程为

$$R_1 = \frac{\rho}{2\pi L}\left(\ln\frac{L^2}{hd} + A\right) = \frac{760}{2\times 3.14\times 500}\left(\ln\frac{500^2}{0.8\times 0.03} + 1\right) \approx 4.22(\Omega)$$

水平接地体接地电阻R_1=4.22（Ω）

2）离子接地极的接地电阻阻值。

已知条件：

L：离子接地极长度，L=3m。

D：接地极的等效直径，D=0.18m。

K：离子接地极降阻系数，K=20%。

注：离子接地极或其他降阻极降阻系数根据不同产品降阻效果不同，取值有较大差别，因此所用材料数量及方案形式也有较大区别，工程综合以往设计取值。

计算公式和过程为

$$R_2 = \frac{\rho}{2\pi L}\left(\ln\frac{8L}{D}-1\right)K = \frac{760}{2\times3.14\times3}\left(\ln\frac{8\times3}{0.18}-1\right)\times20\% \approx 31.41(\Omega)$$

单根离子接地极的接地电阻 R_2=31.41（Ω）

3）复合接地网接地电阻。

已知条件：

水平接地体的接地电阻=4.22Ω；

离子接地极接地电阻值=31.41Ω。

计算公式和过程为

$$R_w = \frac{R_1 \times R_{n2}}{R_1 + R_{n2}} = \frac{4.22\times31.41}{4.22+31.41} \approx 3.72(\Omega)$$

复合接地网接地电阻 R_w=3.72（Ω）

总结：对于表层土壤电阻率小于1000$\Omega\cdot$m 的 A 类型风机机位，采用60×6mm 热镀锌扁钢围绕风机基础一周，约 200m，外引水平接地体共 200m，形成水平地网，共使用 60×6mm 热镀锌扁钢500m。采用12根L50×5，2500mm 热镀锌角钢作为接地装置，在沿道路外引的水平接地极上埋设1套离子接地极，并在接地体周围敷设缓释回填料。

按上述方案施工，经过理论计算，风机接地电阻可以达到 3.72Ω，符合设计要求。本工程 A 类共 5 台。

2. 风机机位的降阻方案（B 类型）

（1）方案描述。

1）工程在风机常规接地网的基础预留外引接口处，沿道路从三个方向，向外辐射外引接地网。

2）在外引接地线上选取合适的位置进行深井钻孔，采用潜孔钻机在外引接地网上布置 2×50m 的深井，采用 DN50 热镀锌钢管进行敷设，回填采用缓释回填料。

3）箱式变压器接地网采用 60×6mm 热镀锌扁钢围绕箱式变压器基础一周，并采用 4 根 L50×5,2500mm 热镀锌角钢作为集中接地装置。

4）在实际施工时，可能由于地理环境的影响，应根据实际情况调整接地线的敷设位置，实测接地电阻值，保证接地电阻值达到设计要求。必要时，相邻机位风机的接地网可采取多点连接，组成联合接地网。

（2）接地电阻验证计算。

1）水平接地体接地电阻计算

水平接地体形状系数 A，根据《交流电气装置的接地设计规范》（GB/T 50065—2011），取值为 1。

计算公式和过程

$$R_1 = \frac{\rho}{2\pi L}\left(\ln\frac{L^2}{hd} + A\right) = \frac{2715}{2\times3.14\times600}\left(\ln\frac{600^2}{0.8\times0.03} + 1\right) \approx 12.83(\Omega)$$

水平接地体接地电阻 R_1=12.83（Ω）

2）单口深井接地极接地电阻值。

其中：表层平均土壤电阻率 ρ_1=2715Ω·m；中层平均土壤电阻率 ρ_2=700Ω·m。

L：深井接地极长度，L=50m。

d：深井接地极的等效直径，d=0.18m。

H：表层土壤厚度，根据勘查报告，H=8m。

K：降阻系数。

$\rho \leq 100$Ω·m 时，K=1。

$100 < \rho \leq 500$Ω·m 时，K=1.5。

$500 < \rho \leq 1000$Ω·m 时，K=2。

$1000 < \rho \leq 3000$Ω·m 时，K=4。

$3000 < \rho \leq 5000$Ω·m 时，K=6。

$\rho > 5000$Ω·m 时，K=8。

注：离子接地极或其他降阻极降阻系数根据不同产品降阻效果不同，取值有较大差别，因此所用材料数量及方案形式也有较大区别，工程综合以往设计取值。

计算公式和过程为

$$R_2 = \frac{\rho_a}{2\pi l K}\left(\ln\frac{4l}{d} + C\right) = \frac{794.32}{2\times3.14\times50\times2}\left(\ln\frac{4\times50}{0.18} - 0.164\right) = 8.66$$

$$\rho_{a} = \frac{\rho_{1}\rho_{2}}{\dfrac{H}{l}(\rho_{2}-\rho_{1})+\rho_{1}} = \frac{2715 \times 700}{\dfrac{8}{50}\times(700-2715)+2715} = 794.32$$

$$C = \sum_{n=1}^{\infty}\left(\frac{\rho_{2}-\rho_{1}}{\rho_{2}+\rho_{1}}\right)^{n}\ln\left[\frac{2nH+1}{2(n-1)H+1}\right] = -0.164$$

代入数据，单根深井接地极的接地电阻 R_{2}=8.66（Ω）

3）多口深井接地极接地电阻。

已知条件：

单根深井接地极的接地电阻值=8.66；

多口深井接地极的数量=2；

多口深井接地极的利用系数=0.8。

计算公式和过程为

$$R_{n2} = \frac{R_{2}}{n \times \eta} = \frac{8.66}{2 \times 0.8} \approx 5.42(\Omega)$$

4）复合接地网接地电阻。

已知条件：

水平接地体的接地电阻=12.83Ω；

多口深井接地极接地电阻值=5.42Ω。

计算公式和过程为

$$R_{w} = \frac{R_{1} \times R_{n2}}{R_{1}+R_{n2}} = \frac{12.83 \times 5.42}{12.83+5.42} \approx 3.81(\Omega)$$

复合接地网接地电阻 R_{w}=3.81（Ω）

总结：对于表层土壤电阻率大于 1000Ω·m，中（底）层土壤电阻率小于 1000Ω·m 的 B 类型风机机位，采用 60×6mm 热镀锌扁钢围绕风机基础一周，约 200m，外引水平接地体 300m，形成水平地网，共使用 60×6mm 热镀锌扁钢 600m。采用 12 根 L50×5，2500mm 热镀锌角钢作为接地装置，在外引的水平接地极上选取合适位置进行 50m 深井接地开挖，两个深井接地极距离应大于 100m，在其内敷设 DN50 热镀锌钢管，并在钢管周围敷设缓释回填料。

按上述方案施工，经过理论计算，风机接地电阻可以达到 3.81Ω，符合设计要求。本工程 B 类共 25 台。

3. 风机机位的降阻方案（C 类型）

（1）方案描述。

1）本工程在风机常规接地网的基础预留外引接口处，沿道路从三个方向，向外辐射外引接地网。

2）在外引接地线上选取合适的位置进行深井钻孔，采用潜孔钻机在外引接地网上布置 2 口 50m 的深井，采用 DN50 热镀锌钢管进行敷设，回填采用缓释回填料。

3）箱变接地网采用 60×6mm 热镀锌扁钢围绕箱变基础一周，并采用 4 根 L50×5，2500mm 热镀锌角钢作为集中接地装置。

4）在实际施工时，可能由于地理环境的影响，应根据实际情况调整接地线的敷设位置，实测接地电阻值，保证接地电阻值达到设计要求。必要时，相邻机位风机的接地网可采取多点连接，组成联合接地网。

（2）接地电阻验证计算。

1）水平接地体接地电阻计算：

水平接地体形状系数 A，根据《交流电气装置的接地设计规范》（GB/T 50065—2011），取值为 1。

计算公式和过程为

$$R_1 = \frac{\rho}{2\pi L}\left(\ln\frac{L^2}{hd} + A\right) = \frac{2795}{2 \times 3.14 \times 800}\left(\ln\frac{800^2}{0.6 \times 0.03} + 1\right) \approx 10.22(\Omega)$$

水平接地体接地电阻 R_1=5.52（Ω）

2）深井接地极接地电阻值。

已知条件

其中：表层平均土壤电阻率 ρ_1=2795Ω·m；中层平均土壤电阻率 ρ_2=1710Ω·m

l：深井接地极长度，l=50m。

d：深井接地极的等效直径，d=0.18m。

H：表层土壤厚度，根据勘查报告，H=8m。

K：降阻系数。

ρ≤100Ω·m 时，K=1。

100＜ρ≤500Ω·m 时，K=1.5。

500＜ρ≤1000Ω·m 时，K=2。

1000＜ρ≤3000Ω·m 时，K=4。

3000＜ρ≤5000Ω·m 时，K=6。

$\rho > 5000\Omega \cdot m$ 时，$K=8$。

注：离子接地极或其他降阻极降阻系数根据不同产品降阻效果不同，取值有较大差别，因此所用材料数量及方案形式也有较大区别，本工程综合以往设计取值。

计算公式和过程为

$$R_2 = \frac{\rho_a}{2\pi l K}\left(\ln\frac{4l}{d}+C\right) = \frac{1823.24}{2\times3.14\times50\times4}\left(\ln\frac{4\times50}{0.18}-0.371\right) = 9.64$$

$$\rho_a = \frac{\rho_1\rho_2}{\frac{H}{l}(\rho_2-\rho_1)+\rho_1} = \frac{2795\times1710}{\frac{8}{50}\times(1710-2795)+2795} = 1823.24$$

$$C = \sum_{n=1}^{\infty}\left(\frac{\rho_2-\rho_1}{\rho_2+\rho_1}\right)^n\ln\left[\frac{2nH+1}{2(n-1)H+1}\right] = -0.371$$

代入数据，单根深井接地极的接地电阻 R_2=9.64（Ω）。

3）多口深井接地极接地电阻。

已知条件：

单根深井接地极的接地电阻值=9.64；

多口深井接地极的数量=2；

多口深井接地极的利用系数=0.8。

计算公式和过程为

$$R_{n2} = \frac{R_2}{n\times\eta} = \frac{9.64}{2\times0.8} \approx 6.02(\Omega)$$

4）复合接地网接地电阻。

已知条件：

水平接地体的接地电阻=5.52Ω；

多口深井接地极接地电阻值=6.02Ω。

计算公式和过程：

$$R_w = \frac{R_1\times R_{n2}}{R_1+R_{n2}} = \frac{10.22\times6.02}{10.22+6.02} \approx 3.79(\Omega)$$

复合接地网接地电阻 R_w=3.79（Ω）

总结：对于表层土壤电阻率大于 1000Ω·m，中（底）层土壤电阻率在 1000～3000Ω·m 的 C 类型风机机位，采用 60×6mm 热镀锌扁钢围绕风机基础一周，约 200m，外引水平接地体共 500m，形成水平地网，共使用 60×6mm 热镀锌扁钢 800m。采用 12 根L50×5，2500mm 热镀锌角钢作为接地装置，在外引的水平接地极上选取合适位置进行 50m 深井接地开挖，深井接地极两两之间的距离应大于 100m，在其内敷设 DN50 热镀锌钢管，并在钢管周围敷设缓释回填料。

按上述方案施工，经过理论计算，风机接地电阻可以达到 3.79Ω，符合设计要求。本工程 C 类共 20 台。

4. 风机机位的降阻方案（D 类型）

（1）方案描述。

1）本工程在风机常规接地网的基础预留外引接口处，沿道路从四个方向，向外辐射外引接地网。

2）在外引接地线上选取合适的位置进行深井钻孔，采用潜孔钻机在外引接地网上布置 2 口 50m 的深井，采用 DN50 热镀锌钢管进行敷设，回填采用缓释回填料。

3）在外引接地线上进行接地开挖钻孔，开挖 φ180mm，深 3000mm 的基坑，埋设离子接地极。

4）接地网采用 60×6mm 热镀锌扁钢围绕箱式变压器基础一周，并采用 4 根 L50×5，2500mm 热镀锌角钢作为集中接地装置。

5）在实际施工时，可能由于地理环境的影响，应当根据实际情况调整接地线的敷设位置，实测接地电阻值，保证接地电阻值达到设计要求。必要时，相邻机位风机的接地网可采取多点连接，组成联合接地网。

（2）接地电阻验证计算。

1）水平接地体接地电阻计算。

水平接地体形状系数 A，根据《交流电气装置的接地设计规范》（GB/T 50065—2011），取值为 1。

计算公式和过程为

$$R_1 = \frac{\rho}{2\pi L}\left(\ln\frac{L^2}{hd}+A\right) = \frac{3300}{2\times 3.14\times 800}\left(\ln\frac{800^2}{0.6\times 0.03}+1\right) \approx 12.07(\Omega)$$

水平接地体接地电阻 R_1=12.07（Ω）。

2）深井接地极接地电阻值。

已知条件：

其中：表层平均土壤电阻率 ρ_1=3300Ω·m；中层平均土壤电阻率 ρ_2=3665Ω·m；底层平均土壤电阻率 ρ_3=1775Ω·m；（ρ_1）=0.5（$\rho_1+\rho_2$）=3482Ω·m。

l：深井接地极长度，l=50m。

d：深井接地极的等效直径，d=0.18m。

H：表层土壤厚度，由于表层与中层平均土壤电阻率相差不大，为简化计算，将表层与中层合为一层，根据勘测报告，H=20m。

K：降阻系数。

$\rho \leq 100\Omega \cdot m$ 时，$K=1$；

$100 < \rho \leq 500\Omega \cdot m$ 时，$K=1.5$；

$500 < \rho \leq 1000\Omega \cdot m$ 时，$K=2$；

$1000 < \rho \leq 3000\Omega \cdot m$ 时，$K=4$；

$3000 < \rho \leq 5000\Omega \cdot m$ 时，$K=6$；

$\rho > 5000\Omega \cdot m$ 时，$K=8$。

注：离子接地极或其他降阻极降阻系数根据不同产品降阻效果不同，取值有较大差别，因此所用材料数量及方案形式也有较大区别，本工程综合以往设计取值。

计算公式和过程为

$$R_2 = \frac{\rho_a}{2\pi l K}\left(\ln\frac{4l}{d} + C\right) = \frac{2208}{2 \times 3.14 \times 50 \times 4}\left(\ln\frac{4 \times 50}{0.18} - 0.191\right) = 11.99$$

$$\rho_a = \frac{(\rho_1)\rho_2}{\frac{H}{l}[\rho_2 - (\rho_1)] + \rho_1} = \frac{3482 \times 1775}{\frac{20}{50} \times (1775 - 3482) + 3482} = 2208$$

$$C = \sum_{n=1}^{\infty}\left(\frac{\rho_2 - \rho_1}{\rho_2 + \rho_1}\right)^n \ln\left[\frac{2nH+1}{2(n-1)H+1}\right] = -0.191$$

代入数据，单根深井接地极的接地电阻 R_2=11.99（Ω）

3）多口深井接地极接地电阻。

已知条件：

单根深井接地极的接地电阻值=11.99；

多口深井接地极的数量=2；

多口深井接地极的利用系数=0.8；

计算公式和过程为

$$R_{n2} = \frac{R_2}{n \times \eta} = \frac{11.99}{2 \times 0.8} \approx 7.49(\Omega)$$

4）离子接地极的接地电阻阻值。

已知条件：

ρ：土壤电阻率，ρ=3300Ω·m。

L：离子接地极长度，L=3m。

D：接地极的等效直径，$D=0.18\text{m}$。

K：离子接地极降阻系数，$K=20\%$。

计算公式和过程为

$$R_3 = \frac{\rho}{2\pi L}\left(\ln\frac{8L}{D} - 1\right)K = \frac{3300}{2\times 3.14\times 3}\left(\ln\frac{8\times 3}{0.18} - 1\right)\times 20\% \approx 136.39(\Omega)$$

单根离子接地极的接地电阻 $R_2 = 136.39$（Ω）

5）多根离子接地极接地电阻。

已知条件：

单根离子接地极的接地电阻值$=136.39$；

多根离子接地极的数量$=6$；

多根垂直接地极的利用系数$=0.9$。

计算公式和过程为

$$R_{n3} = \frac{R_3}{n\times \eta} = \frac{136.39}{6\times 0.9} \approx 25.26(\Omega)$$

多根离子接地极接地电阻 $R_{n3} = 25.26$（Ω）。

6）复合接地网接地电阻。

已知条件：

水平接地体的接地电阻$=12.07\Omega$；

多口深井接地极接地电阻值$=7.49\Omega$；

多口离子接地极的接地电阻$=25.26$。

计算公式和过程为

$$R_{w} = \frac{R_1\times R_{n2}\times R_{n3}}{R_1\times R_{n2} + R_{n2}\times R_{n3} + R_1\times R_{n3}}$$
$$= \frac{12.07\times 7.49\times 25.26}{12.07\times 7.49 + 7.49\times 25.26 + 12.07\times 25.26} \approx 3.89(\Omega)$$

复合接地网接地电阻 $R_{w} = 3.89$（Ω）。

总结：对于表层土壤电阻率大于 $1000\Omega\cdot\text{m}$，中（底）层土壤电阻率在 $3000\sim 5000\Omega\cdot\text{m}$ 的 D 类型风机机位，采用 $60\times 6\text{mm}$ 热镀锌扁钢围绕风机基础一周，约 200m，外引水平接地体共 500m，形成水平地网，共使用 $60\times 6\text{mm}$ 热镀锌扁钢 800m。采用 12 根L50×5，2500mm 热镀锌角钢作为接地装置，在外引的水平接地极上选取合适位置进行 50m 深井接地开挖，深井接地极两两之间的距离应大于 100m，在其内敷设 DN50 热镀锌钢管，并在钢管周围敷设缓释回填料。在沿道路外引的水平接地极上埋设 6 套离子接地极，并在接地体周围敷设缓释回填料。

按上述方案设计，经过理论计算，风机接地电阻可以达到 3.89Ω，符合设计要求。本工程 D 类共 13 台。

5. 风机机位的降阻方案（E 类型）

（1）方案描述

1）工程在风机常规接地网的基础预留外引接口处，沿道路从四个方向，向外辐射外引接地网。

2）在外引接地线上选取合适的位置进行深井钻孔，采用潜孔钻机在外引接地网上布置 3 口 50m 的深井，采用 DN50 热镀锌钢管进行敷设，回填采用缓释回填料。

3）在外引接地线上进行接地开挖钻孔，开挖 ϕ180mm，深 3000mm 的基坑，埋设离子接地极。

4）箱式变压器接地网采用 60×6mm 热镀锌扁钢围绕箱变基础一周，并采用 4 根 L50×5，2500mm 热镀锌角钢作为集中接地装置。

5）在实际施工时，可能由于地理环境的影响，应当根据实际情况调整接地线的敷设位置，实测接地电阻值，保证接地电阻值达到设计要求。必要时，相邻机位风机的接地网可采取多点连接，组成联合接地网。

（2）接地电阻验证计算。

1）水平接地体接地电阻计算。

水平接地体形状系数 A，根据《交流电气装置的接地设计规范》（GB/T 50065—2011），取值为 1。

计算公式和过程：

$$R_1 = \frac{\rho}{2\pi L}\left(\ln\frac{L^2}{hd} + A\right) = \frac{5660}{2\times 3.14\times 1000}\left(\ln\frac{1000^2}{0.6\times 0.03} + 1\right) \approx 16.97(\Omega)$$

水平接地体接地电阻 R_1=16.97（Ω）。

2）深井接地极接地电阻值。

已知条件：

其中：表层平均土壤电阻率 ρ_1=5660Ω·m；中层平均土壤电阻率 ρ_2=6165Ω·m；底层平均土壤电阻率 ρ_3=3370Ω·m；（ρ_1）=0.5（ρ_1+ρ_2）=5912Ω·m。

l：深井接地极长度，l=50m。

d：深井接地极的等效直径，d=0.18m。

H：表层土壤厚度，由于表层与中层平均土壤电阻率相差不大，为简化计算，将表层与中层合为一层，根据勘测报告，$H=20\text{m}$。

K：降阻系数：

$\rho \leqslant 100\Omega \cdot \text{m}$ 时，$K=1$；

$100 < \rho \leqslant 500\Omega \cdot \text{m}$ 时，$K=1.5$；

$500 < \rho \leqslant 1000\Omega \cdot \text{m}$ 时，$K=2$；

$1000 < \rho \leqslant 3000\Omega \cdot \text{m}$ 时，$K=4$；

$3000 < \rho \leqslant 5000\Omega \cdot \text{m}$ 时，$K=6$；

$\rho > 5000\Omega \cdot \text{m}$ 时，$K=8$。

注：离子接地极或其他降阻极降阻系数根据不同厂家产品降阻效果不同，取值有较大差别，因此所用材料数量及方案形式也有较大区别，本工程综合以往设计取值。

计算公式和过程为

$$R_2 = \frac{\rho_a}{2\pi l K}\left(\ln\frac{4l}{d}+C\right) = \frac{4409}{2\times 3.14\times 50\times 6}\left(\ln\frac{4\times 50}{0.18}-0.161\right) = 16.03$$

$$\rho_a = \frac{(\rho_1)\rho_2}{\dfrac{H}{l}[\rho_{2-}(\rho_1)]+\rho_1} = \frac{5912\times 3770}{\dfrac{20}{50}\times(3770-5912)+5912} = 4409$$

$$C = \sum_{n=1}^{\infty}\left(\frac{\rho_2-\rho_1}{\rho_2+\rho_1}\right)^n \ln\left[\frac{2nH+1}{2\,(n-1)\,H+1}\right] = -0.161$$

代入数据，单根深井接地极的接地电阻 $R_2=16.03$（Ω）

3）多口深井接地极接地电阻。

已知条件：

单根深井接地极的接地电阻值=16.03；

多口深井接地极的数量=3；

多口深井接地极的利用系数=0.8。

计算公式和过程为

$$R_{n2} = \frac{R_2}{n\times\eta} = \frac{16.03}{3\times 0.8} \approx 6.68(\Omega)$$

4）离子接地极的接地电阻阻值。

已知条件：

其中 ρ：土壤电阻率，$\rho=5660\Omega \cdot \text{m}$。

L：离子接地极长度，L=3m。

D：接地极的等效直径，D=0.18m。

K：离子接地极降阻系数，K=20%。

计算公式和过程为

$$R_3 = \frac{\rho}{2\pi L}\left(\ln\frac{8L}{D} - 1\right)K = \frac{5660}{2\times 3.14\times 3}\left(\ln\frac{8\times 3}{0.18} - 1\right)\times 20\% \approx 233.93(\Omega)$$

单根离子接地极的接地电阻 R_2=233.93（Ω）

5）多根离子接地极接地电阻。

已知条件：

单根离子接地极的接地电阻值=233.93；

多根离子接地极的数量=12；

多根垂直接地极的利用系数=0.9。

计算公式和过程为

$$R_{n3} = \frac{R_3}{n\times\eta} = \frac{233.93}{12\times 0.9} \approx 21.66(\Omega)$$

多根离子接地极接地电阻 R_{n3}=21.66（Ω）

6）复合接地网接地电阻。

已知条件：

水平接地体的接地电阻=16.97Ω；

多口深井接地极接地电阻值=6.68Ω；

多口离子接地极的接地电阻=21.66Ω。

计算公式和过程为

$$R_w = \frac{R_1\times R_{n2}\times R_{n3}}{R_1\times R_{n2} + R_{n2}\times R_{n3} + R_1\times R_{n3}}$$
$$= \frac{16.97\times 6.68\times 21.66}{16.97\times 6.68 + 6.68\times 21.66 + 16.97\times 21.66} \approx 3.89(\Omega)$$

复合接地网接地电阻 R_w=3.89（Ω）

总结：对于表层土壤电阻率大于 1000$\Omega \cdot$m，中（底）层土壤电阻率在 5000～10000$\Omega \cdot$m 的 E 类型风机机位，采用 60×6mm 热镀锌扁钢围绕风机基础一周，约 200m，外引水平接地体共 700m，形成水平地网，共使用 60×6mm 热镀锌扁钢 1000m。采用 12 根L50×5，2500mm 热镀锌角钢作为接地装置，在外引的水平接地极上选取合适位置进行 50m 深井接地开挖，深井接地极两两之间的距离应大于 100m，在其内敷设 DN50 热镀锌钢管，并在钢管周围敷设缓释回填料。在沿道路外引的水平接地极上埋设 12 套离子接地极，并在接地体周围敷设缓释回填料。

按上述方案施工，经过理论计算，风机接地电阻可以达到 3.89Ω，符合设计要求。本工程 E 类共 9 台。

6. 风机机位的降阻方案（F 类型）

（1）方案描述。

1）风机机位接地网，以风机中心为圆心，距风机中心 9m 的位置，采用 60×6mm 热镀锌扁钢围绕风机基础一周，敷设成环形地网，与风机基础外引接地扁钢相连接。

2）在环形地网上安装 8 根L50×5，2500mm 热镀锌角钢作为固定接地装置，并沿道路从四个方向，向外辐射外引接地网。

3）在外引接地线上选取合适的位置进行深井钻孔，采用潜孔钻机在外引接地网上布置 4 口 50m 的深井，采用 DN50 热镀锌钢管进行敷设，回填采用缓释回填料。

4）在外引接地线上进行接地开挖钻孔，开挖 ϕ180mm，深 3000mm 的基坑，埋设离子接地极。

5）箱变接地网采用 60×6mm 热镀锌扁钢围绕箱变基础一周，并采用 4 根L50×5，2500mm 热镀锌角钢作为集中接地装置。

6）在实际施工时，可能由于地理环境的影响，应当根据实际情况调整接地线的敷设位置，实测接地电阻值，保证接地电阻值达到设计要求。必要时，相邻机位风机的接地网可采取多点连接，组成联合接地网。

（2）接地电阻验证计算。

1）水平接地体接地电阻计算。

水平接地体形状系数（A），根据《交流电气装置的接地设计规范》（GB/T 50065—2011）取值为 1。

计算公式和过程为

$$R_1 = \frac{\rho}{2\pi L}\left(\ln\frac{L^2}{hd}+A\right) = \frac{6265}{2\times3.14\times1000}\left(\ln\frac{1000^2}{0.6\times0.03}+1\right)\approx 18.79(\Omega)$$

水平接地体接地电阻 R_1=18.79（Ω）。

2）深井接地极接地电阻值。

已知条件：

其中：表层平均土壤电阻率 ρ_1=6265Ω·m；中层平均土壤电阻率 ρ_2= 10336Ω·m；底层平均土壤电阻率 ρ_3=4078Ω·m。

l：深井接地极长度，l=50m。

d：深井接地极的等效直径，d=0.18m。

H：表层土壤厚度，由于本类型风机机位表层土壤薄，忽略不计，以中层土壤厚度作为 H 值取值参数，根据勘查报告，H=15m。

K：降阻系数：

$\rho \leqslant 100$Ω·m 时，$K=1$；

$100 < \rho \leqslant 500$Ω·m 时，$K=1.5$；

$500 < \rho \leqslant 1000$Ω·m 时，$K=2$；

$1000 < \rho \leqslant 3000$Ω·m 时，$K=4$；

$3000 < \rho \leqslant 5000$Ω·m 时，$K=6$；

$\rho > 5000$Ω·m 时，$K=8$。

注：离子接地极或其他降阻极降阻系数根据不同产品降阻效果不同，取值有较大差别，因此所用材料数量及方案形式也有较大区别，本工程我院综合以往设计取值。

计算公式和过程为

$$R_2 = \frac{\rho_a}{2\pi l K}\left(\ln\frac{4l}{d}+C\right) = \frac{4983.12}{2\times 3.14\times 50\times 6}\left(\ln\frac{4\times 50}{0.18}-0.204\right) = 18$$

$$\rho_a = \frac{(\rho_1)\rho_2}{\dfrac{H}{l}[\rho_{2-}(\rho_1)]+\rho_1} = \frac{10336\times 4078}{\dfrac{15}{50}\times(4078-10336)+10336} = 4983.12$$

$$C = \sum_{n=1}^{\infty}\left(\frac{\rho_2-\rho_1}{\rho_2+\rho_1}\right)^n \ln\left[\frac{2nH+1}{2(n-1)H+1}\right] = -0.204$$

代入数据，单根深井接地极的接地电阻 R_2=18（Ω）。

3）多口深井接地极接地电阻。

已知条件：

单根深井接地极的接地电阻值=18；

多口深井接地极的数量=4；

多口深井接地极的利用系数=0.8。

计算公式和过程为

$$R_{n2} = \frac{R_2}{n \times \eta} = \frac{18}{4 \times 0.8} \approx 5.63(\Omega)$$

4）离子接地极的接地电阻阻值。

已知条件：

ρ：土壤电阻率，ρ=6265Ω·m。

L：离子接地极长度，L=3m。

D：接地极的等效直径，D=0.18m。

K：离子接地极降阻系数，K=20%。

计算公式和过程为

$$R_3 = \frac{\rho}{2\pi L}\left(\ln\frac{8L}{D} - 1\right)K = \frac{6265}{2 \times 3.14 \times 3}\left(\ln\frac{8 \times 3}{0.18} - 1\right) \times 20\% \approx 258.93(\Omega)$$

单根离子接地极的接地电阻 R_2=258.93（Ω）

5）多根离子接地极接地电阻。

已知条件：

单根离子接地极的接地电阻值=258.93；

多根离子接地极的数量=10；

多根垂直接地极的利用系数=0.9。

计算公式和过程为

$$R_{n3} = \frac{R_3}{n \times \eta} = \frac{258.93}{10 \times 0.9} \approx 28.77(\Omega)$$

多根离子接地极接地电阻 R_{n3}=28.77（Ω）。

6）复合接地网接地电阻。

已知条件：

水平接地体的接地电阻=18.79Ω；

多口深井接地极接地电阻值=5.63Ω；

多口离子接地极的接地电阻=28.77。

计算公式和过程为

$$R_w = \frac{R_1 \times R_{n2} \times R_{n3}}{R_1 \times R_{n2} + R_{n2} \times R_{n3} + R_1 \times R_{n3}}$$

$$= \frac{18.79 \times 5.63 \times 28.77}{18.79 \times 5.63 + 18.79 \times 28.77 + 5.63 \times 28.77} \approx 3.76(\Omega)$$

复合接地网接地电阻 R_w=3.76（Ω）。

总结：对于表层土壤电阻率大于 1000Ω·m，中（底）层土壤电阻率大于 10000Ω·m 的 F 类型风机机位，采用 60×6mm 热镀锌扁钢围绕风机基础一周，约 200m，外引水平接地体共 700m，形成水平地网，共使用 60×6mm 热镀锌扁钢 1000m。采用 12 根 L50×5,2500mm 热镀锌角钢作为接地装置，在外引的水平接地极上选取合适位置进行 50m 深井接地开挖，深井接地极两两之间的距离应大于 100m，在其内敷设 DN50 热镀锌钢管，并在钢管周围敷设缓释回填料。在沿道路外引的水平接地极上埋设 10 套离子接地极，并在接地体周围敷设缓释回填料。

按上述方案施工，经过理论计算，风机接地电阻可以达到 3.76Ω，符合设计要求。本工程 F 类共 3 台。

考虑到实际地理环境和地层特性的影响，应当根据实际情况，调整接地体的敷设位置，实测接地电阻值，保证接地电阻值达到设计要求。如果在施工完成后，接地电阻达不到要求，可采取增加缓释回填料，增加接地体，延长外引接地线来降低接地电阻值，必要时采取与相邻机位连接，形成联合地网的方式，保证联合地网的接地电阻不大于 4Ω。

二、升压变电站接地设计方案

（一）常规接地方案

本工程升压变电站为大接地短路电流系统，对保护接地、工作接地和过电压保护接地使用一个总的接地装置，接地电阻按《交流电气装置的接地设计规范》（GB/T 50065—2011）要求 $R \leq 2000/I$ 设计。按 110kV 入地电流计算升压变电站接地电阻允许值，使升压变电站的接触电势、跨步电势和转移电势限制在安全值以内。

根据地勘报告描述的升压变电站区域地球物理电性特征，所址范围土壤电阻率分布范围如下：

ρ_1 为表层黏土，厚 0～8m，电性参数 ρ_{s1} 在 962～1681Ω·m。

ρ_2 为强风化板岩，厚 8～25m，电性参数 ρ_{s2} 在 107～627Ω·m。

ρ_3 为中等风化板岩，电性参数 ρ_{s3} 在 214～462Ω·m。

由于本区域表层土壤厚达 8m，所以土壤电阻率取值取表层土壤电阻率即 1321Ω·m。根据《电力工程电气设计手册》中的相关规定，季节系数取 1.5，则接地主网土壤电阻率取值为：1981.5Ω·m。根据计算要求电阻值接地电阻不大于 0.346Ω。

本升压变电站的接地网为以水平均压网为主，并采用部分垂直接地极组成复合环形封闭式接地网。水平接地线考虑采用 60×6mm 热镀锌扁钢，敷设深度离地面 0.8m 处，垂直接地极采用L50×6，3000mm 长的热镀锌钢。

复合水平接地网接地电阻计算：

水平接地体形状系数 A，根据《交流电气装置的接地设计规范》（GB/T 50065—2011），取值为 1。

计算公式和过程为

$$B=1/(1+4.6h/\sqrt{S})=0.955$$

$$R_e=(0.213\rho/\sqrt{S})(1+B)+(\rho/2\pi L)\{\ln[S/(9×h×d)]-5B\}=12.324（\Omega）$$

$$\alpha_1=3\ln(L_0/\sqrt{S})-0.2(\sqrt{S}/L_0)=0.989$$

$$R_n=\alpha_1 R_e=0.989×12.324=12.19（\Omega）$$

（二）升压变电站接地电阻降阻方案

根据以上计算结果，站内接地电阻值不符合设计要求（要求值 0.346Ω）。本工程设计在升压变电站常规接地网基础上增加一定数量的深井，深井内埋设离子接地极。第二层土壤电阻率 300Ω·m，土层深度 8～25m，深井钻孔深度 25m。每个深井内串联埋设 6 套离子接地极。

1. 离子接地极的接地电阻阻值

$$R=\frac{\rho}{2\pi L}\left(\ln\frac{8L}{D}-1\right)K=\frac{300}{2×3.14×18}\left(\ln\frac{8×18}{0.18}-1\right)×20\%\approx3.02(\Omega)$$

式中 ρ——土壤电阻率，ρ=300Ω·m；

$\quad L$——离子接地极长度，L=18m；

$\quad D$——接地极的等效直径，D=0.18m；

$\quad K$——离子接地极降阻系数，K=20%。

注：离子接地极或其他降阻极降阻系数根据不同产品降阻效果不同，取值有较大差别，因此所用材料数量及方案形式也有较大区别，工程综合以往设计取值。

计算结果：

单根垂直接地极的接地电阻 R=3.02（Ω）。

2. 多根离子接地极接地电阻

$$R_n=\frac{R_2}{n×\eta}=\frac{3.02}{n×0.8}$$

单根离子接地极的接地电阻值=3.02；

多根离子接地极的数量=n；

多根垂直接地极的利用系数=0.8。

3. 外引接地网接地电阻

$$R_{\mathrm{w}} = \frac{R_{\mathrm{l}} \times R_{\mathrm{n}}}{R_{\mathrm{l}} + R_{\mathrm{n}}}$$

水平接地体接地电阻=6.61Ω；

多套离子接地极接地电阻值；

复合接地网接地电阻值=0.346Ω。

根据以上公式计算出深井套数需要10套深井，每套深井安装6套离子接地极，接地电阻满足规程要求。

总结：对于升压变电站土壤电阻率的实际情况，以水平均压网为主，并采用部分垂直接地极组成复合环形封闭式接地网。水平接地线考虑采用60×6mm热镀锌扁钢，敷设深度离地面0.8m处，垂直接地极采用L50×6热镀锌角钢。

在升压变电站常规接地网基础上增加一定数量的深井，深井内埋设离子接地极。第二层土壤电阻率300Ω·m，土层深度为8～25m，深井钻孔深度25m，深井数量为10，每个深井内串联埋设6套离子接地极。并在接地体周围敷设缓释回填料。

按上述设计方案，经过理论计算，接地电阻可以小于0.346Ω，符合设计要求。

三、小结

（1）风电场各风机平台土壤电阻率均较大，常规接地网理论电阻值为4.22～16.97Ω，均不能满足风机接地电阻要求。风机位置基本处于风场内较高山峰，如因扩大接地网面积而加大场平面积将付出极大经济代价和环境代价，十分不可取，因此推荐采用特殊接地措施进行降阻。

（2）风电场升压变电站土壤电阻率约为1981.5Ω·m，工程要求接地电阻值为0.346Ω，常规接地网理论计算电阻值为12.19Ω，无法满足接地电阻要求，升压变电站所处位置场地面积有限，无法采用扩大接地网的方式降阻，因此也需采用特殊接地对升压变电站进行降阻。

（3）本工程选取现行应用广泛的等离子接地极及缓释回填料作为主要降阻材料，由于降阻材料种类较多，采用不同的降阻材料，也将影响工程整体造价。

（4）以上降阻方案为理论计算值，而施工质量差异将影响电阻值是否满足要求（系统并网质量验收以电阻值为主要考核目标），施工单位应严格按照《交流电气装置的接地》（DL/T 621—1997）、《交流电气装置的接地设计规范》（GB 50065—2011）、《接地装置特性参数测量导则》（DL/T 475—2006）和《电气装置安装工程接地装置施工及验收规范》（GB 50169—2006）等规程规范的要求进行施工。

第四节　接地工程材料清单及工程造价

一、材料清单

1. 升压变电站材料清单（见表4-2-2）

表4-2-2　　　　　　　　　升压变电站材料清单

序号	名称	规格型号	单位	数量	备　注
1	离子接地极		套	60	深井埋设，每个深井埋设6套离子接地极
2	热镀锌扁钢	60×6	m	3500	
3	热镀锌角钢	L50×5×2500	根	110	
4	缓释回填料		kg	4500	

2. 风机平台材料清单（见表4-2-3）

表4-2-3　　　　　　　　　风机平台材料清单

序号	名称	规格型号	单位	数量	备　注
1	热镀锌扁钢	60×6	m	55900	
2	热镀锌角钢	L50×5×2500	根	900	
3	热镀锌钢管	DN50×3.5	m	7750	
4	离子接地极		套	221	
5	缓释回填料		kg	49800	

3. 工程材料汇总清单（见表4-2-4）

表4-2-4　　　　　　　　　工程材料汇总清单

序号	名称	规格型号	单位	数量	备　注
1	热镀锌扁钢	60×6	m	59400	
2	热镀锌角钢	L50×5×2500	根	1010	
3	热镀锌钢管	DN50×3.5	m	7750	
4	离子接地极		套	281	
5	缓释回填料		kg	54300	

二、工程造价

根据接地设计方案，工程造价见表 4-2-5。

表 4-2-5 　　　　　　　　　　　　工　程　造　价

编号	名称及规格	单位	数量	单价（元）		总价（万元）		备　注
				安装费	主材费	安装费	主材费	
1	风机及箱式变压器接地网安装工程 $\rho_1<1000\Omega\cdot m$（此项为 5 台风机之和）					6.6550	6.9100	该类型风机有 5 台
1.1	水平接地装置 60×6mm 热镀锌扁钢	m	2500	25	20	6.2050	5.0000	此表格中数量为 5 台风机之和
1.2	垂直接地装置L50×5, 2500mm 热镀锌角钢	根	60	49	70	0.2947	0.4200	此表格中数量为 5 台风机之和
1.3	离子接地极	套	5	267	2880	0.1333	1.4400	此表格中数量为 5 台风机之和
1.4	深井接地极 DN50×3.5mm 热镀锌钢管	m	0	119	32	0.0000	0.0000	此表格中数量为 5 台风机之和
1.5	缓释回填料埋设	kg	250	1	2	0.0220	0.0500	此表格中数量为 5 台风机之和
2	风机及箱变接地网安装工程 $\rho_1>1000\Omega\cdot m$ 且 $\rho_2(\rho_3)<1000\Omega\cdot m$（此项为 25 台风机之和）					69.6436	42.6000	该类型风机有 25 台
2.1	水平接地装置 60×6mm 热镀锌扁钢	m	15000	25	20	37.2300	30.0000	此表格中数量为 25 台风机之和
2.2	垂直接地装置L50×5, 2500mm 热镀锌角钢	根	300	49	70	1.4736	2.1000	此表格中数量为 25 台风机之和
2.3	离子接地极	套	0	267	2880	0.0000	0.0000	此表格中数量为 25 台风机之和
2.4	深井接地极 DN50×3.5mm 热镀锌钢管	m	2500	119	32	29.8400	8.0000	此表格中数量为 25 台风机之和
2.5	缓释回填料埋设	kg	12500	1	2	1.1000	2.5000	此表格中数量为 25 台风机之和
3	风机及箱式变压器接地网安装工程 $\rho_1>1000\Omega\cdot m$ 且 $1000\Omega\cdot m<\rho_2(\rho_3)<3000\Omega\cdot m$（此项为 20 台风机之和）					65.6429	42.0800	该类型风机有 20 台
3.1	水平接地装置 60×6mm 热镀锌扁钢	m	16000	25	20	39.7120	32.0000	此表格中数量为 20 台风机之和

续表

编号	名称及规格	单位	数量	单价（元）		总价（万元）		备　注
				安装费	主材费	安装费	主材费	
3.2	垂直接地装置L50×5，2500mm 热镀锌角钢	根	240	49	70	1.1789	1.6800	此表格中数量为20台风机之和
3.3	离子接地极	套	0	267	2880	0.0000	0.0000	此表格中数量为20台风机之和
3.4	深井接地极 DN50×3.5mm 热镀锌钢管	m	2000	119	32	23.8720	6.4000	此表格中数量为20台风机之和
3.5	缓释回填料埋设	kg	10000	1	2	0.8800	2.0000	此表格中数量为20台风机之和
4	风机及箱式变压器接地网安装工程 $\rho_1>1000\Omega\cdot m$ 且 $3000\Omega\cdot m<\rho_2$ （ρ_3）$<5000\Omega\cdot m$（此项为13台风机之和）					45.0899	50.5960	该类型风机有13台
4.1	水平接地装置 60×6mm 热镀锌扁钢	m	10400	25	20	25.8128	20.8000	此表格中数量为13台风机之和
4.2	垂直接地装置L50×5，2500mm 热镀锌角钢	根	156	49	70	0.7663	1.0920	此表格中数量为13台风机之和
4.3	离子接地极	套	78	267	2880	2.0788	22.4640	此表格中数量为13台风机之和
4.4	深井接地极 DN50×3.5mm 热镀锌钢管	m	1300	119	32	15.5168	4.1600	此表格中数量为13台风机之和
4.5	缓释回填料埋设	kg	10400	1	2	0.9152	2.0800	此表格中数量为13台风机之和
5	风机及箱式变压器接地网安装工程 $\rho_1>1000\Omega\cdot m$ 且 $5000\Omega\cdot m<\rho_2$ （ρ_3）$<10000\Omega\cdot m$（此项为9台风机之和）					42.9296	56.6100	该类型风机有9台
5.1	水平接地装置 60×6mm 热镀锌扁钢	m	9000	25	20	22.3380	18.0000	此表格中数量为9台风机之和
5.2	垂直接地装置L50×5，2500mm 热镀锌角钢	根	108	49	70	0.5305	0.7560	此表格中数量为9台风机之和
5.3	离子接地极	套	108	267	2880	2.8783	31.1040	此表格中数量为9台风机之和
5.4	深井接地极 DN50×3.5mm 热镀锌钢管	m	1350	119	32	16.1136	4.3200	此表格中数量为9台风机之和
5.5	缓释回填料埋设	kg	12150	1	2	1.0692	2.4300	此表格中数量为9台风机之和

续表

编号	名称及规格	单位	数量	单价（元）		总价（万元）		备　注
				安装费	主材费	安装费	主材费	
6	风机及箱式变压器接地网安装工程 $\rho_1 > 1000\Omega\cdot m$ 且 ρ_2（ρ_3）$>10000\Omega\cdot m$（此项为3台风机之和）					15.9800	17.7120	该类型风机有3台
6.1	水平接地装置60×6mm热镀锌扁钢	m	3000	25	20	7.4460	6.0000	此表格中数量为3台风机之和
6.2	垂直接地装置L50×5,2500mm热镀锌角钢	根	36	49	70	0.1768	0.2520	此表格中数量为3台风机之和
6.3	离子接地极	套	30	267	2880	0.7995	8.6400	此表格中数量为3台风机之和
6.4	深井接地极 DN50×3.5mm 热镀锌钢管	m	600	119	32	7.1616	1.9200	此表格中数量为3台风机之和
6.5	缓释回填料埋设	kg	4500	1	2	0.3960	0.9000	此表格中数量为3台风机之和
7	升压变电站接地网安装工程 $\rho=1321\Omega\cdot m$					11.2224	25.9500	
7.1	水平接地装置60×6mm热镀锌扁钢	m	3500	25	20	8.6870	7.0000	
7.2	垂直接地装置L50×5,2500mm热镀锌角钢	根	110	49	70	0.5403	0.7700	
7.3	离子接地极	套	60	267	2880	1.5991	17.2800	
7.4	深井接地极 DN50×3.5mm 热镀锌钢管	m	0	119	32	0.0000	0.0000	
7.5	缓释回填料埋设	kg	4500	1	2	0.3960	0.9000	
接地工程分项合计（安装+主材）（1～7项）						257.1633	242.4580	不含第三方检测费
接地工程合计						499.6213		

第三章
山区风场道路专题报告

前　言

随着近几年我国风力发电产业的大规模发展，陆上风电场已由建设条件较好的平原地区转向丘陵、山区等建设投资较大的地区。风电场道路是连接整个风电场内各个风机机组、升压变电站及风场周围公路的纽带；山区风电场设计过程中，由于丘陵、山区风电场地形条件复杂，场内道路设计不仅会对整个工程造价有很大的影响，同时直接影响风电场施工工期。因此，其设计优化具有很大的研究价值和意义。下以华能某风电场（48MW）工程场内道路工程进行专题分析。

一、项目基本情况

1. 项目建设地点

华能某风电场场址位于江西省九江市都昌县多宝乡与左里镇境内，风场中心南距多宝乡约 4.6km，东距左里镇约 6.5km，东南距都昌县城区约 20km，西北距九江市约 32km，南距南昌市约 90km。

风场地处都昌县多宝乡的西北面，左里镇西面，蒋公岭风电场为沿鄱阳湖湖岸线由西南向东北方向布置，风电场可由九景高速至蔡岭下高速，再由省道 S216 转至县道 X255 可到左里镇、多宝乡。

2. 建设条件

都昌地貌以丘陵和滨湖平原为主，且水域宽阔，局部有低山分布。地势北高南低，并以大港到汪墩褶皱隆起带为轴心，向西北和南东两个方向倾斜。境内最高点为东北部的三尖源，海拔 647.3m，滨湖区海拔最低处仅 10m。自东北向西南呈低山、高丘、低丘、平原、湖区的变势。都昌水系发达，河港纵横，共有大小河港39条，总长 359.6km。按其流向，大致可分为大港、大西湖、新妙湖、大输湖、大沔池、洲家湖、团子口七大水系。

本风电场根据《中国地震动参数区划图》（GB 18306—2001）地震动反应谱特征周期为 0.35s，根据《建筑抗震设计规范》（GB 50011—2010）表 4.1.1 判定该场地为可进行建设的一般场地。一般场地条件下 50 年超越概率 10% 的地震动峰值加速度为 0.05g，对应地震基本烈度为Ⅵ度，上覆砂层不会发生液化及震陷。

根据风机基础埋深，12 台风机以①层粉土、②1 层松散中砂、②2 层稍密中砂为基础持力层，①层粉土，②1 层松散中砂，②2 层稍密中砂压缩性较高，力学性质较差，不满足风机基础天然地基持力层要求，需进行地基处理，地基处理可采用桩基础；12 台风机以③1 层全风化泥岩、③2 层中风化泥岩为持力层，力学性质较好，可采用天然地基。

二、工程设计方案

1. 工程概况

风场地处都昌县多宝乡的西北面，左里镇西面，该风电场为沿鄱阳湖湖岸线由西南向东北方向布置，风电场可由九景高速至蔡岭下高速，再由省道 S210 转至县道 X255 可到左里镇、多宝乡。整个风电场被团子口水库划分为两个部分，一部分为团子口水库大坝西南面蒋公岭至长冲沿鄱阳湖湖岸的沙丘地貌风电场；一部分为团子口水库大坝东北面狮子山一带的山地风电场。但由于团子口水库大坝上的路面宽度仅为 3.5m，不能满足风电场设备运输要求，所以本风电场需在团子口水库的大坝外的鄱阳湖浅滩上修一条简易道路连通风场。所有道路大部分均为新建，道路两侧设置梯形土质边沟，必要位置设置圆管涵，进行路基防护和边坡防护。

2. 设计依据

（1）采用规范。

1）参照中国华能集团公司《风电场工程典型设计》。

2）《公路工程技术标准》（JTJ B01—2003）。

3）《厂矿道路设计规范》（GBJ 22—87）。

4）《公路路线设计规范》（JTG D20—2006）。

5）《公路路基设计规范》（JTG D30—2004）。

6）《公路排水设计规范》（JTJ 018—97）。

7）《公路抗震设计规范》（JTJ 004—89）。

（2）采用技术标准。

1）公路等级：汽车便道。

2）设计速度：10～15km/h。

3）路基宽度：6.0m。

4）行车道宽度：5.0m（满足特种设备运输要求）。

5）路面结构型式：泥结石路面。

6）圆曲线最小半径：40.0m。

7）最大纵坡：一般最大纵坡为12.5%，极限最大纵坡不超过14%。

8）加宽类别：公路三类加宽方式。

9）桥涵设计荷载：公路－Ⅱ级。

10）设计洪水频率：1/25。

11）最大超高：2%（超高渐变率1/50）。

3．路线平面

（1）综合考虑平、纵、横组合设计，使线形在视觉上保持连续、圆滑、顺适；合理利用地形、地物条件，与周围环境相互协调；选择组合得当的合成坡度，以利于路面排水。

（2）线位尽量少占良田及果园的原则；尽量避免不良地质的影响；综合考虑构造物的设置位置，以及地方道路、规划等多种因素。在条件许可情况下，尽量采用较高技术指标。

（3）设计中对小桥、涵洞、通道等控制路基填土高度的构造物进行合理布局，结合地形及水利设施，在满足功能的前提下，尽可能考虑以顺排为主，改截堵为辅的原则。

（4）为满足超长运输车辆的运行，采取平曲线半径不小于40m，平曲线转弯路段，路面均进行不同程度的加宽处理。

（5）考虑本风场分为沙丘地貌风场和山地风场的特殊性，沙丘地貌风电场部分道路直接由进站道路引入，联通各个风机；山地风场部分需经过团子口水库大坝，大坝上的路面宽度只为3.5m，如从上通过必须拓宽加固，工程量巨大，所以采用在团子口水库大坝外的鄱阳湖浅滩上修一条简易道路，在浅滩枯水期进行大件设备的运输。

（6）该工程进场道路已修建，场内道路均有进站道路引入，连接整个该风场 24 台风机道路共 19 条，总长 20.238km。道路路线平面布置见图 4-3-1。

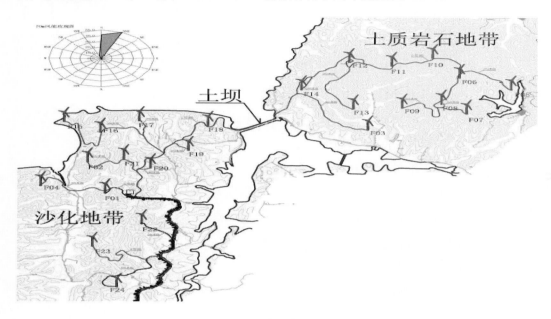

图 4-3-1　道路路线平面布置

（7）风场地处都昌县多宝乡的西北面，左里镇西面，本风电场为沿鄱阳湖湖岸线由西南向东北方向布置，所处位置植被茂盛、树木繁多，且多为国家公益林，风场内国家保护植被多，有成片的，有几棵的，均需要进行避让；又山势起伏较大，风机设备都具有超长、超宽、超高、超重的特征之一，为满足运输要求，需修建盘山道路至风机，所以风场道路的走向、转弯都带来了不确定性。

根据风机布置和现场踏勘，该工程存在 6 台风机（F04、F12、F14、F15、F18 和 F23）所处地形条件复杂，而且周边存在保护树种，树木砍伐以及施工存在困扰。为了减少征地、伐树、施工困难和缩短工期，故为有效解决叶片在爬坡路段、转弯路段难通过以及叶片扫尾的问题，运输中采用一种山路运输专用装置（特种叶片扬举车）进行叶片二次倒运，该装置用于运输叶片车控制叶片使用，达到运输途中使叶片产生扬起、摆动、自身旋转动作，躲避途中的障碍（树木、山体、电线等），实现叶片在运输过程中可最大限度地避让阻碍物，减少道路改造工程量，缩短工期，减少资金投入。该装置能够实现叶片山路即行通过，同时通过速度最快、投资少、效率高，由液压控制可以使风叶 360°旋转，风叶通过下回转支承和环形滑道可以旋转最大角度 360°，风叶通过油缸的伸缩使风叶的最大张角为 60°（从风叶尖前面着地算起）。

4. 纵断面图

（1）纵断面设计线为路面中心线标高。

（2）在进行纵断面设计时，考虑土石方综合利用及少占或不占用耕地原则，进行纵段面设计。

（3）在竖曲线取值方面，当工程量影响不大时，尽量取用较大的竖曲线半径，以获得较开阔的视野。

（4）一般路段最大纵坡按照 12.5%控制，个别路段最大纵坡不超过 14%。

5. 路基、路面标准

本工程场内道路大部分均为新建，路基宽 6.0m，路面宽 5.0m，每侧土路肩 0.5m，与路面一体成型。重大件运输时车轮可以占压路肩。待施工完毕后此部分恢复原状。

（1）路基设计主要采用挖填平衡，减少弃方，耕地段采用路肩外挡方式减少占用耕地。土质挖方边坡采用 1:0.5；路基填方边坡采用 1:1.5；对于地面横坡较大的填方路基采用路肩挡土墙，避免坡脚过长，减少占地面积。

本项目全线路基采用重型击实标准，分层压实。路基压实度要求见表 4-3-1。

新建段堤基底应在填筑路堤前清除 20cm 耕植土，经碾压后方可进行路基填筑。耕地填前压实回填土以 10cm 计，且耕地填前压实度不小于 90%。

表 4-3-1　　　　　　　　　　　　　路基压实度要求

填挖类型	路床顶面以下（cm）	压实度（%）
零填及挖方路基	0～80	≥94
填方路基	0～80	≥94
	80～150	≥93
	>150	≥90

对于大横坡填方路段，采用挖台阶处理。路堤基底挖台阶，台阶宽度大于等于 1.0m，台阶底应有 4%向内倾斜的坡度。当加宽拼接宽度小于 0.75m 时，可采取超宽填筑和翻挖原有路基等工程措施。对于土质路基填挖衔接处采用超挖回填措施，保证路基稳定。注意挖台阶前应清除草皮及树根。

（2）根据本风场的地质特点，道路采用泥结碎石路面，以粗碎石为主骨料形成嵌锁作用以黏土作填缝结合料，从而具有一定的强度和稳定性，适用于低等级公路的中级路面面层。

该工程道路分为沙地道路和山地道路,沙地道路基层采用 35cm 厚混铺块石,面层采用 15cm 厚泥结碎石;山地道路基层采用天然地基进行填挖,面层采用 15cm 泥结碎石。

泥结碎石面层基本要求:其强度不得低于Ⅳ级,长条、扁平状颗粒不宜超过 20%。泥结碎石层所用的黏土,应具有较高黏性,塑性指数以 12~15 为宜。黏土内不得含腐殖质或其他杂物。黏土用量一般不超过混合料总重的 15%~18%。泥浆按水与土为 0.8:1 至 1:1 的体积比进行拌和配制。如过稠,则灌不下去,泥浆要积在石层表面;如过稀,则易流淌于石层底部,干后体积缩小,黏结力降低,均影响路面的强度和稳定性。

泥结碎石路面施工基本工序。

泥结碎石路面一般工序为:

1)准备工作:包括准备下承层及排水设施、施工放样、布置料堆、拌制泥浆。泥浆一般按水与土为 0.8:1~1:1 的体积比配制,过稠、过稀或不均匀,均将影响施工质量。

2)碎石摊铺和初碾压,使碎石初步嵌挤稳定为止。过多碾压将堵塞碎石缝隙,妨碍泥浆灌入。摊铺碎石时采用松铺系数 1.20~1.30(碎石最大粒径与厚之比为 0.5 左右时用 1.3,比值较大时,系数接近 1.2)。摊铺力求表面平整,并具有规定的路拱。初压用 8t 双轮压路机碾压 3~4 遍,使粗碎石稳定就位。在直线路段由两侧路肩向路中线碾压;在超高路段由内侧向外侧,逐渐错轮进行碾压。每次重叠 1/3 轮宽。碾压弯第一遍就应再次找平。初压终了时表面应平整,并具有规定的路拱和纵坡。

3)灌浆及带浆碾压。若碎石过干,可先洒水润湿,以利泥浆一次灌透。泥浆浇灌到相当面积后,即可撒 5~15mm 嵌缝料(1~1.5m³/100m²)。用中型压路机进行带浆碾压,使泥浆能充分灌满碎石缝隙。次日即进行必要的填补和修整工作。

4)最终碾压,待表面已干内部泥浆尚属半湿状态时,可进行最终碾压,一般碾压 1~2 遍后撒铺一薄层 3~5mm 石屑并扫匀,然后进行碾压,使碎石缝隙内泥浆能翻到表面上与所撒石屑黏结成整体。接缝处及路段衔接处,均应妥善处理,保证平整密合。

6. 排水及防护工程设计

(1)排水系统。

路面排水利用路面纵坡和路拱横坡完成。高填方且无防护工程段,加设急流槽设施,将路面水集中引流至路基坡脚以外。路基排水主要由边沟、排水沟、当地灌溉渠组成排水系统。跨越沟渠、山谷等处要结合具体情况设置管涵。

道路两侧设 0.5m×0.5m 梯形土质边沟。如现场实际需要进行硬化。

（2）防护工程。

该工程大填方路段以及沙地道路大开挖路段设置浆砌石挡土墙。沙地路段道路必要位置进行边坡防护。边坡防护采用植物防护手段，尽量恢复原有植被生长，以减少对周围环境的破坏。

为避免填方边坡占用耕地，设置路肩挡土墙或路堤挡土墙收坡，挡土墙采用 M7.5 水泥砂浆砌片石砌筑。

7. 不良地质路段的处理

对于软弱土路段，施工时根据不同软土厚度采用翻晒碾压或换填山皮石等处理措施。

该工程过鄱阳湖浅滩路段路基需填筑 100cm 厚的毛石，确保路基的稳定。

8. 错车道设置

本工程平曲线路段均进行加宽处理，可以满足一般错车，不再单独考虑错车道设置。

9. 沿线筑路材料

本地区筑路材料丰富，绝大多数本地均可本地自产。水泥、钢材、木材等可由地方县城直接购入，运输条件十分便利。工程用土及碎石可在当地采购，其他工程使用材料及工具可在当地直接采购。

10. 施工注意事项

（1）挡墙及平交工程应因地制宜，科学合理布置。

（2）在路基施工时，应按规范控制材料粒径，各个结构层施工时应拌和均匀，再进行摊铺碾压。

（3）施工方在施工前须仔细对路线进行复测，如与设计图纸出现偏差必须及时提出，与设计方联系修正。

三、工程造价（见表 4-3-2）

表 4-3-2 　　　　　　　　　　　工程量及概算表

序号	场内交通道路	单位	数量	单价（元）	万元
3.1	土方开挖	m^3	239664	9.59	229.86

续表

序号	场内交通道路	单位	数量	单价（元）	万元
3.2	石方开挖	m³	109467	48.64	532.48
3.3	土方回填	m³	288600	6.72	193.95
3.4	砌筑路基	m³	3492.00	155.77	54.4
3.5	机械整平碾压	m²	156483.00	5.51	86.26
3.6	砌筑挡土墙	m³	6141.00	359.87	220.99
3.7	基层工程	m²	71563	70.64	505.52
3.8	面层工程	m²	136245	24.43	332.91
3.9	浆砌石护坡	m³	2937	327.55	96.2
3.10	单孔圆管涵	m	184.00	1640	30.18
3.11	双孔圆管涵	m	10.00	2460	2.46
3.12	挖边沟、排水沟	m³	已计入到路基土石方		
合计					2285.21

四、山区风场道路设计总结

1. 道路设计特点

由于山区风电场与一般风电场相比，具有地形、地质复杂，山高谷深，山脊、山坳、沟壑交错，地形高差大的特点。

因此风电场道路设计与普通公路设计相比，具有以下特点：

（1）路线较长，设计周期较短；

（2）选线限制因素较多，设计控制点较多；

（3）沿线条件较差，道路纵坡较大；

（4）行驶车辆荷载重量大，车身长度较大；

（5）植被树木较多，需考虑环境及水土保护。

2. 道路设计原则

风电场道路设计除遵循道路设计的一般原则外，需根据工程实际情况，满足如下原则：

（1）满足风机叶片、塔筒、发电机等设备的运输需求，结合运输车辆运行特点，选用合理的技术参数作为设计依据。

（2）结合地形、地质、地物等情况，对原有山区道路实行充分利用与积极改造，以减少道路造价。

（3）对工程造价与运营、管理、养护费用进行综合考虑，避免大开挖、大回填等情况。由于挡土墙之类的结构物因台后填土区很难控制好填筑质量，而影响道路使用质量及使用安全，并且相对造价较高，应尽量减少使用。

3. 道路设计应注意事项

（1）收集风机叶片、塔筒、发电机等设备的尺寸和重量，进而了解并确定运输所需要的技术参数，如道路宽度、转弯半径、道路纵坡等。

（2）收集与线路有关的地形、水文、地质、气象等资料。

（3）分析沿线地形的起伏、走势，明确高程控制点。如道路可利用的山脊平台、所连接的各个风机平台、地形鞍部控制点、需避让的陡崖等。

（4）风场道路设计必须与风机基础设计标高、吊装场地平整标高、道路交叉衔接标高、变电站等标志建筑物指示机组指示相结合，确定路基设计高度。

（5）道路选线应结合项目公司要求及征地要求，施工之前做好现场交底工作，施工期间遇到现场变更问题时及时配合项目公司处理。

（6）注意避开复杂岩层结构，岩层结构由于其在施工过程中的难度较大，加之建设完毕后地质灾害发生可能性较大，因此尽量避免在复杂岩层结构下设计公路路线，保证建设过程中以及建设完成后的安全。

（7）山区公路路线设计应保证生态安全 ，山区公路途经地多为密林结构，在其中有大量的野生动植物生存和繁衍，而且由于地处深山，其自然生态环境较为脆弱，容易受到破坏。在公路建设过程中保证这些地区生态环境的平衡和原有状态，保持生态平衡不仅对于公路的建设和运营过程能起到保护作用，而且对于整个山区生态环境的平衡发展也具有特殊的作用。

（8）随着风电场向山区和南方雨水较多的地方发展，风电场道路布设中跨越沟河的地方较多，需要设置桥梁、涵洞或过水路面的地方较多，由于桥梁投资较大，施工时间长，一般不采用，但应在道路方案规划设计或施工图设计时进行适当的比选，尤其是在一些进场道路较长的地方，跨越河沟水流较大时更应进行比选，以满足使用要求为前提，尽量节省投资。

总之，山区风场道路设计是整个风场建设的先行措施，道路设计的科学性和安全性直接关系到风场建设运输及运营的安全。利用科学的手段以及详尽的实地测量数据作为支撑，认真研究和分析各种影响因素，保证道路设计的实用性和合理性、经济性，对于整个山区风场建设的十分重要。

第四章
某风电场工程集中监控与监视专题报告

一、前言

华能大爬山、轿子顶等风电场地处偏僻山区，环境恶劣，不但给生产运营管理带来很大困难，也给电网的运行调度和安全运行带来诸多问题。从方便生产、生活及稳定运行、检修人员队伍的角度，采用以大爬山风电场为主阵地（运行、检修网的人员驻守在此）对小爬山、轿子顶、轿顶山三个风电场进行在线实时集中控制与监视，成为风电场规模接入电网急待解决的问题。

本方案旨将与大爬山风电场升压变电站同在贵州盘县的小爬山、轿子顶、轿顶山风电场升压变电站监控系统内的数据、视频及图像等信息远传至大爬山升压变电站，风电场异地监控系统主站设在该站，通过此系统对小爬山、轿子顶、轿顶山升压变电站进行集中控制和监视，以实现各个风电场数据的整合管理，并接受电网调度的统一调度指令（如 AGC、AVC 控制），优化风电场整体出力，实现风电机组效率最优化运行控制。

二、集中监控与监视系统技术要求

1. 系统构成

集中监控与监视系统包括监控信息子系统、管理子系统、高级应用子系统、Web 发布子系统等。

2. 系统概况

集中监控系统的总体构架，是以多个现场生产自动化子系统和信息管理子系统为基础，通过中间链路层构建的网络通讯系统和开放式系统平台，构成一个智能化功能逐层提升的综合性管理系统。

整个系统主要有三个功能层：现场生产自动监控层（各风电场子站）、中间链路层和监控中心整合监控层（集控中心主站）。

各个风电场内已设置有：①风机监控系统；②升压变电站综合自动化系统；③升压变电站、风电场图像视频监视系统；④风功率预测系统；⑤升压变电站火灾自动报警及消防控制系统；⑥风电场电力系统调度通信及升压变电站内部通信系统；⑦风电场信息管理子站；⑧升压变电站内部局域网络。这几大系统构成了现场生产自动监控层，也是集中监控系统的基础。

网络通信系统和开放式系统平台是总构架的中坚支托。系统平台是由网络通讯系统和现场生产自动化子系统（即以上风电场的各大监控系统）共同支撑起来的，对各种数据和信息加以规范化处理后形成的开放式"数据信息大舞台"，各种类型的子系统均可共享这个舞台中的所有资源。

集控中心它是在现场生产自动化和调度管理的信息数据基础上，通过多种方法对各种数据进行整合而成的智能监控软件，建立调度、控制、管理关键要素的相关模型。同时在集控中心设置各风电场风机监控系统、升压变电站综合自动化系统、风功率预测系统、图像视频监视系统等及完整独立的操作员站，即相当于将轿子顶风电场升压变电站控制室延伸至大爬山风电场升压变电站集控中心。

集中监控系统在控制层面上分三级控制：第一级为各风机、断路器、主变等生产设备就地控制，第二级为各风电场升压变电站控制室监控系统工作站（子站）控制，第三级为集控中心主站控制。级别依次为第一级优先，第二级次之，第三级再次之。

集中监控系统应与当地电网公司及华能国际公司实现数据交换。

3. 可利用率

集控中心监控系统的设计，包括选择硬件、开发计算机程序，开发计算机程序接口并把硬件及程序组成一个操作系统以提供高的利用率。定义如下：集控中心应设计为完全冗余配置以满足 99.999% 的最小理论利用率和 99.9% 的测试利用率。此利用率分析中的分系统包括控制级实时组件，各风电场侧设备和通讯连接设备。软件不包括在此理论利用率的计算中，但包括在测试利用率的要求中。

4. 可维护性

监控系统的结构设计应考虑维修方便，以便缩短平均修复时间。应采用以下措施增强可维性：

（1）系统具有自诊断和寻找故障程序，指出具体故障部位，在现场更换故障部件后即恢复正常；

（2）应有便于试验和隔离故障的断开点；

（3）应充分考虑市场实际，提高硬件的代换能力；

（4）应配备合适的专用安装拆卸工具；

（5）预防性维护不应引起磨损性故障；

（6）可通过系统编程修改和增加软件。

5. 安全性

操作安全性：集控中心监控系统可对每一功能操作提供检查和校核，当操作有误时能自动或手动被禁止并报警。任何自动或手动操作可作存储记录或作提示指导。在人机通信中设操作员控制权口令。按控制层次实现操作闭锁，其优先顺序为：现地控制层第一，各风电场升压变电站主控级第二，集控中心主站控制第三。

监控系统的设计应保证信息中的一个错误不会导致系统关键性的故障。集控中心和各风电场侧的通信涉及控制信息时，应该对响应有效信息或没有响应有效信息有明确肯定的指示，当通信失败时，应考虑 $2\sim5$ 次重复通信并发出报警信息。

硬件、软件及固件安全性：监控系统采取以下措施保证其安全性：具有电源故障保护和自动重新启动；能预置初态和重新预置；设备本身具有自检能力并能故障报警；设备故障能自动切除或切换并能故障报警；系统中任何地方单个元件的故障不应造成生产设备误动；在失电状态下，应使受控设备保持在原来状态。

CPU 及网络平均负载率不大于30%，最大负载率不大于50%；在任何时候，内存的使用率不应大于80%。以上数据统计周期不大于1s。

6. 可扩性

监控系统硬件配置应有一定的裕度。监控系统必须预留可扩展的接口和设备容量，具备能够与其他提供控制和保护设备相连接的能力，以及后续若干个风电场集中控制的扩展能力。按照未来 $5\sim10$ 年风场的规模来设计。

7. 系统主要技术指标

（1）可靠性。

集控中心接口系统中任何设备的单个元件故障不应造成系统的关键性故障或外

部设备误动作，应防止设备的多个元件或串联元件同时发生故障。集控中心的监控系统设备的平均无故障时间 MTBF 应满足如下要求：

1）监控系统计算机服务器设备（含硬盘）大于 30000h。

2）风电场侧设备大于 40000h。

3）在系统的设计、设备选型及工程实施上，均应重视系统的可靠性。

（2）实时性指标。

1）数据采集周期。

开关量：＜1s；2～3s。

电气模拟量：＜1s；3～5s。

非电气模拟量（不包括温度量）：＜2s。

温度量：1～5s。

事件顺序记录分辨率：≤2ms。

实时数据库刷新周期：＜2s。

2）控制响应。

风电场侧接受控制命令到开始执行不超过 1s；

主控制级发出命令到风电场侧级接受命令的时间不超过 1s；

操作员执行命令发出到风电场侧回答显示的时间不超过 2s。

3）人机接口。

调出新画面的时间不超过 1.5s；

画面上实时数据刷新时间从数据库刷新后算起不超过 1s；

报警或事件产生到画面刷新和发出音响的时间不超过 2s。

4）时间同步精度。

节点间时间同步分辨率≤1ms。

5）平均故障修复时间（MTTR）

平均故障修复时间（MTTR）由制造商提供，当不考虑管理辅助时间和运送时间时，一般为 0.5～1h，诊断（或检查）及更新故障插板时间应小于 30min。

三、系统结构和硬件配置

1. 概述

集中监控系统分为现场生产自动监控层、中间传输链路层和集控中心整合监控层（集控中心主站）。系统总网结构采用以太网星形拓扑结构，基于 TCP/IP 网络协议，网络传输速率自适应 100/1000Mbit/s，主要由现场子网也就是现场生产自动监控层、传输链路层网络、集控中心主干网组成。集控中心主干网采用千兆以太网。以集控中心核心交换机为核心主结点，它以辐射方式联结多个支结点，每个支结点又以辐射方式联结多个分结点，因此网络具备极强的可扩展性，为以后不断建成的风电场留下接入容量。

开放性环境应包括应用开发环境、用户接口环境和系统互联环境，并符合国际开放系统组织推荐的开放环境规范。

2. 系统结构

（1）集控中心整合监控层（集控中心主站）。

集控中心主站设备有实时数据采集服务器、历史数据服务器、Web 服务器、视频服务器、操作员工作站、工程师工作站、报表/语音报警工作站、维护工作站、视频工作站、风场操作员站、核心以太网交换机、路由器、SDH 光端机等有关设备组成。主要设备包括各服务器、音响报警系统、网络设备、安全防护设备、UPS 系统、打印机和光盘刻录机等。

（2）中间传输链路层。

中间链路层是联结生产现场和集控中心的高速公路和桥梁，使各种数据和信息均能有序、高效、快速地传递到目的地，也是集中监控系统的关键所在。中间链路层的实现主要采用以下两种方式：

1）数据专网。

由于集控系统要实现控制功能，按照电力二次安全防护要求，从各风电场到集控中心的通信通道必须使用点对点专用通道。按传输数据量大小，初步设计为 2M 宽带，按双通道互为备用考虑。

2M 专用通道可以通过以下方式获得：租用通信运营商的专用通道；租用电力公司的电力专用通道；利用企业自有专用通道。

双通道应采用不同运营商提供的通道。

2）VPN 虚拟专用网。

虚拟专用网（VPN）是利用公众网资源为客户构成专用网的一种业务。通过对网络数据的封包和加密传输，在公网上传输私有数据、达到私有网络的安全级别，从而利用公网构筑 Virtal Private Network（即 VPN）。它是专用网的一种组网方式，是一种逻辑上的专用网络，它向用户提供一般专用网络所具有的功能，但本身却不是一个独立的物理网络。VPN 有两层含义：

　　它是虚拟的网，即没有固定的物理连接，网路只有用户需要时才建立；它是利用公众网络设施构成的专用网。

　　集控中心至华能国际公司 MIS 信息管理系统采用 VPN 虚拟专用网。

　　（3）所属各风电场侧系统。

　　各个风电场内已设置现场生产自动监控层，是集中监控系统的基础。集控中心总体结构见图 4-4-1。

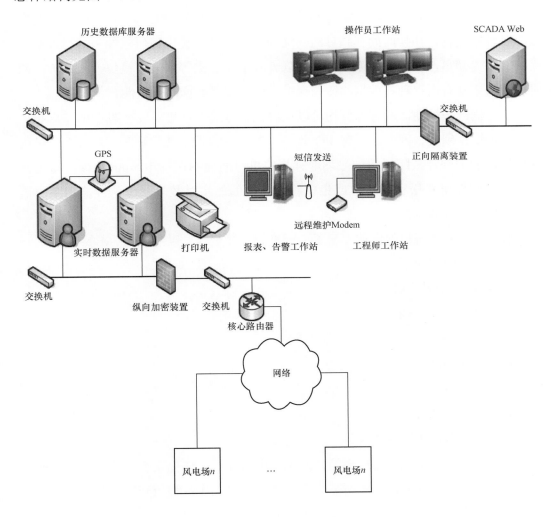

图 4-4-1　集控中心总体结构

3. 硬件设备

（1）集控中心主站设备。

主站系统安装于集控中心自动化机房，主要由服务器、各操作员工作站、二次安全防护设备、UPS 电源等构成。服务器采用高档 PC 服务器，数据库采用商用数据库管理系统。

服务器应采用使用于关键应用场合的高可靠性服务器、部件级冗余的工业标准容错服务器。

服务器可实现冗余硬件的故障切换；完全采用部件级冗余的硬件容错方式，CPU/MEM 集成锁步（Lock-Step）技术，冗余部件在同一时钟周期做同样的指令，部件故障时不产生切换，动态数据得到保护。I/O 冗余部件配对工作，能够在发生故障时进行接管，切换时间在毫秒级。切换过程不需要使用任何软件和编写脚本程序。服务器硬盘，包括操作系统、应用软件和静态数据等均采用镜像方式保护；同时服务器还具有内存动态数据的镜像保护，保证实时数据的安全性。

服务器维护简便，所有部件均可以模块化的方式进行热插拔，即 CPU、内存、电源、风扇、硬盘、网卡、所有 I/O 设备、甚至主机板出现故障时，均可不停机进行更换，能把硬件故障导致的平均非计划停机时间控制在每年 5min 之内，通过服务器管理软件可轻松实现本地或集中管理、全面的实时故障管理、性能和负载监视、优化型服务器操作。

服务器需要在每机架中统一配置一台机架式显示器，以配合 KVM 的使用。

主要设备配置如下：

1）实时数据采集服务器。

2）历史数据服务器。

3）Web 服务器。

4）视频服务器。

5）打印设备。

6）中间链路层设备。

（2）各风电场侧设备要求。

协调各风电场侧风机监控系统、升压变电站综合自动化系统、图像视频监视系统等所有需上送数据方，完成所需信息上送的接口工作及相应开发事宜，完成所有信息上送工作。

各风电场侧网络中配置二台交换机为终端提供接入并设置为缺省网关。

网络中设置两台路由器，冗余配置，保证带宽。风电场侧的 4 个 E1 接口分两组接入路由器。

四、系统功能

1. 总体功能概述

实现风电场群的统一管理：对各风电场进行有效的协调，实行统一指挥。集控中心集中监控系统设置数个整合的相对独立的子系统：①整合各风电场风机监控子系统；②整合各风电场升压变电站综合自动化子系统（包括电能计量系统）；③整合各风电场风功率预测子系统；④整合各风电场集中视频监视子系统；⑤网络语音通讯子系统；⑥生产管理信息子系统以及电力系统远动工作子系统；⑦建立与华能国际公司 MIS 信息管理系统之间的通信。

保留各风电场各监控子系统的独立性，以适应风电场分期分批投入运行的实际需求。也就是在集控中心设置各风电场内各监控系统的操作员站，以便分期实施和分别管理，并在本级系统故障时，下一级能独立完成系统的功能任务。

2. 集控中心风机监控系统及升压变电站综合自动化功能要求

（1）数据接收。

风电场侧风机监控系统、升压变电站综合自动化等将系统内各运行数据通过中间链路层传输至集控中心核心交换机，并以网络点对点通信方式将接收到的数据写入中心实时数据库，同时集控中心核心交换机从实时数据库获得控制命令，向风电场侧下发控制报文，实现对风电场设备的遥控功能。

（2）数据存储。

数据存储主要是将各风场传输至集控中心的风场运行信息存入数据库。集控中心侧配置了实时数据库和历史数据库。实时数据库提供实时信息，保存最新 2～4h 内的实时数据。

实时数据保存在内存中，定时存入历史数据库（测量量按照采样周期定时存入历史数据库，事件信息、告警信息、变位信息实时存入历史数据库）。实时数据库提供 API 接口，实现高效的实时数据处理。实时数据库同时供各风场在集控中心的操作员站实时调用。

（3）数据处理。

1）模拟量处理。

模拟量处理包括：

①根据不同的时间或其他条件设置多组限值，提供方便的界面，允许用户手动切换。

②允许人工设置数据，画面数据用颜色加以区分。

③自动统计记录升压变电站模拟量的极值及其发生时间，并作为历史数据供查阅和再加工。

④提供遥测越限延时（可调）处理功能，如某一遥测越限并保持设置的时间后，才作告警。

⑤提供丰富的实时、历史生产曲线，实现对风机状态变化的趋势分析，及早发现设备故障的先兆，对风机存在的潜在问题，及时检修，必要时通过查看历史曲线分析故障原因。生产曲线包括：风机的风功率曲线、风速曲线（了解不同季节不同月份的风速情况），发电量的日、月、年曲线。

⑥不同厂家风机在相同条件下输出功率的对比分析，对不同厂家的风机产品进行性价比分析。

⑦按时段统计发电量，掌握各风电场的整体运行情况。

⑧提供风玫瑰图，掌握风场的风况规律，为制定风场生产计划提供数据参考。

2）开关量处理。

开关量处理采用"遥信变位+周期刷新"的信息传送机制，保证信息及时准确传送。

①可实现分类报警。

②事故判别：根据保护信号与开关变位判断事故类别。

③开关量操作。

3）报警及事件顺序记录（SOE）。

①报警：报警分为不同的类型，并提供画面、音响、语音等多种报警方式。

②事件顺序记录（SOE）。

SOE 量以毫秒级精度记录主要断路器和保护信号的状态、动作顺序及动作时间，形成事件顺序表；

按照风场、间隔、设备等对 SOE 进行检索、查询和打印；

每条记录包括时间、风场名、设备名称和事件名称保存到数据库中。

（4）遥控功能。

1）遥控内容包括风机的启动/停止/复位、升压变电站各等级断路器分/合、变压器分接头挡位等。

2）遥控的安全性措施。

①遥控操作只能在操作员工作站上进行，操作人员必须具有权限和登录口令

才能实施操作，应输入站名、设备编号，以防误选点。操作过程有记录，可查阅、打印。

②遥控必须有返送校核，同时按选点、校验、执行三个步骤进行。操作的起始和结束通过画面和信息窗口提供相应提示。

3）遥控功能的实施规划。

根据遥控内容形成遥控表存入历史数据库，定义遥控的约束条件，定义遥控属性及权限，将数据库的遥控表逐项关联至画面。

（5）操作票功能。

可按照用户指定的格式编辑生成操作票，支持操作票的审核、预演、打印、查询功能。

（6）报表服务。

报表具有报表定义、编辑、显示、存储、查询、打印等功能。系统应该能提供如下报表：

1）电量报表：按照日、月、年统计累计发电量、累计上网电量、利用小时数、平均风速。

2）生产报表：风机实时负荷报表、风机平均负荷报表、风机平均风速报表、风机平均转速报表。风场生产指标日报、月报、年报。

3）风场运行信息统计：风场运行日报、月报、年报。

（7）权限管理。

按照功能、角色、用户、组和属性来构建权限体系，系统管理员缺省情况下不具有遥控权限。

（8）人机界面。

人机界面可以为用户提供风场信息查询、风机信息查询、实时数据查询、历史数据查询、故障查询、数据检索、简报检索、报表管理等功能。

3. 整合各风电场风功率预测子系统

风电场风功率预测系统包括：

（1）微功耗实时风力采集系统：实时采集风电场的气象信息。

（2）风电场出力预测：根据风电场多年运行资料，拟合风机实际运行功率曲线。包括超短期风力预测和日前风电出力预测。预测系统应具有0～48h短期风电功率预测以及 15min～4h 超短期风电功率预测功能，并且按照调度部门的要求报送负荷预测曲线。

4. 整合各风电场图像视频监视子系统

集控中心设置图像视频监视服务器、视频监视工作站（含软件）、监视器、通道切换器及核心交换机等组成视频监视子站。集控中心视频监视子站将各风电场上送的多路视频在同一数据平台上整合处理，并可向各风电场下达控制命令，控制各前端摄像机。集控中心视频监视系统主要功能如下：

先进性；实用性；兼容性；扩展性；灵活性；实时性；可靠性。

5. 电力系统远动工作子系统

集控中心设置电力系统远动工作站，将下属各风电场升压变电站综合自动化系统、风机监控系统及管理信息子站上送的各类信息进行选择分析整理后形成电力部分所需的远动信息，通过设置于集控中心的 SDH 光传输设备接入电网公司电力通讯网络，上送至电网调度，并接受电网调度对风电场的调度命令，如 AGC、AVC等，向电网调度中心及时反映各风电场实时运行状态，满足电网的安全稳定运行调频调峰等需求，根据电网的调度命令，有计划、有序的调整所属风电场风机的投、退，提高风电公司运营效率及风电设备的使用周期。

6. 网络语音通信子系统

集控中心与下属风电场之间，架构基于电力调度光纤专网基础上的较为完善的局域网。基于该网络，设立公司内部 IP 网络语音电话系统。

7. 生产管理信息子系统

生产管理信息子系统主要包括公共管理、设备管理、运行管理、物资管理、文档管理、安全管理、生产信息查询及生产决策支持等功能。系统除采集各风电场传输至集控中心的数据外，通过与其他外部系统如华能国际公司 MIS 信息管理系统的数据交流，建立生产管理信息子系统。

8. 电源系统

系统硬件设备应安装在专用机房，采用 UPS 供电，维持的供电时间不少于 2h，UPS 电源系统自带蓄电池。主、备计算机以及双电源设备应提供不同的供电回路。

9. 设备材料清册（见表 4-4-1）

表 4-4-1　　　　　　　　　　主要设备材料一览表

集中监控系统设备表（大爬山升压变电站侧）					
序号	设备名称	型号及规格	单位	数量	备　注
1	运行监控服务器		台	2	

续表

序号	设备名称	型号及规格	单位	数量	备 注
2	历史数据服务器		台	2	
3	磁盘阵列		台	1	
4	高级应用服务器		台	1	
5	Web 发布服务器		台	1	
6	人机、图形工作站（台式机）		台	4	
7	打印机		台	1	
8	网络交换机		台	6	
9	安全防护设备	含正向隔离装置 1 台、纵向加密认证网关 1 台	套	1	
10	接入网通讯设备	核心路由器，E1 接口卡	套	1	
11	UPS	双主机、容量 30kVA，双套 UPS 蓄电池	套	1	
12	屏体		面	5	
13	网络设备附件		套	1	
14	调试费		项	1	
15	软件费		项	1	
16	运输加保险费		项	1	
集中监控系统设备表（轿子顶升压变电站侧）					
1	通信管理机		台	2	
2	安全防护设备		套	1	

五、结论

综上所述，本工程采用异地监控方案，大爬山风电场为集控中心，负责将大、小爬山与相距本站 40km 轿子顶、轿顶山四个风电场升压变电站监控系统内的数据、视频及图像等远传至此，并对各个风电场进行在线实时集中监控与监视及进行有效的协调，发挥各个风电场最大的综合利用效益。

从节省投资的角度，对于以上规模较小的异地集控，可考虑采用主站小集控方式，装设数据采集处理、数据库和监控终端服务器及 Web 服务器、网络交换机柜、横向物理隔离装置、硬件防火墙和人机图形工作站（台式机 4 台）等设备，投资约

250 万元。在轿子顶、轿顶山风电场侧需装设一面通信管理机屏，屏上装设 2 台通信管理机，大约需投资 20 万元。同时，对于异地监控系统硬件配置应有一定的余度。监控系统必须预留可扩展的接口和设备容量，具备与其他提供控制和保护设备相连接的能力，预留后续接入其他风电场进行异地监控的扩展能力。

在具体工程实施阶段，异地监控系统平台的建设应根据华能国际公司对集控中心功能的实际需求以及具体投资，来确定最终实施方案。

第五章

屋顶太阳能集中供热热水系统专题报告

一、工程概述

华能某工程位于江西省都昌县境内。工程范围为多宝乡至左里镇鄱阳湖沿岸，主要包括蒋公岭和湖沙咀区域，风场长 8km、宽 0.2～3km，区域面积约 14km²。风电场内建 110kV 升压站一座，位于整个风电场的中部，海拔范围 53～63m，东南面距傅赵灵约 300m，西面距下张村约 500m，距鄱阳湖约 1500m，东面距谭家村约 700m，距团子口水库约 1000m。场地标高在 50.0～62.50m。升压站的主要出入口布置在站区南侧，围墙内面积为 0.7176km²，屋顶采用坡屋顶结构。

本方案主要针对综合楼标准间的生活热水供给设计。

二、相关资料

1. 气象资料

（1）都昌县位于江西省北部，东经 116° 2′ 24″ 至 116° 36′，北纬 28° 50′ 28″ 至 29° 38′。属于太阳能资源Ⅲ类资源一般区。

（2）由于都昌县距离南昌较近，所以选取南昌市各月气象参数作为本次设计所需要的气象参数，依据国家气象中心气象信息中心气象资料室提供的资料整理，南昌市各月设计用气象参数，见表 4-5-1。

表 4-5-1　　　　　　　　　　　　南昌市月设计用气象参数

南昌	纬度 28°36′经度 115°55′海拔高度 46.7m					
月份	1	2	3	4	5	6
月平均室外气温（℃）	5.3	6.9	10.9	17.3	22.3	25.7
倾斜面月平均日太阳总辐射照量［MJ/（m²·日）］	7.708	8	8.364	10.452	12.23	13.062
年均太阳辐照量［MJ/（m²·日）］	12.13					
月日照小时数（h）	96.2	87.5	89.1		156.2	164.8
月份	7	8	9	10	11	12
月平均室外气温（℃）	29.2	28.8	24.6	19.4	13.3	7.8
倾斜面月平均日太阳总辐射照量［MJ/（m²·日）］	17.1	17.454	14.739	13.542	12.301	10.609
年均太阳辐照量［MJ/（m²·日）］	12.13					
月日照小时数（h）	256.8	251.1	191.9	172.8	152.6	147

2. 供水要求

由于本工程远离村镇，无市政生活热水供应，生活热水可采用电热水或太阳能集中供热水系统。考虑到环保节能因素，本工程推荐选用太阳能集中供热水系统，用来满足升压站内标准间的生活热水需要。

为满足生活热水需要，供应的热水应稳定在 45～55℃，每个房间的用水量为100L/（间·d）。

3. 设计依据

（1）《太阳热水系统设计、安装及工程验收技术规范》（GB/T 18317—2002）。

（2）《建筑给排水设计规范》（GB 50015—2003）。

（3）《给排水设计标准》（GBJ 15—88）。

（4）《设备及管道保温技术通则》（GB/T 4272—1992）。

（5）《设备及管道保温设计导则》（GB/T 8175—1987）。

（6）《建筑物防雷设计规范》（GB 50057—1994）。

（7）《建筑给排水采暖工程施工质量验收规范》（GB 50242—2002）。

（8）《太阳能热利用术语》（GB/T 12936—1991）。

（9）《太阳热水器吸热体、连接管及其配件所用弹性材料的评价方法》（GB/T 15513—1995）。

三、太阳能集热系统的设计

1. 太阳能集热系统的选择

考虑到建筑屋面为坡屋面，屋面的面积较充裕，因此选择板式集中供热水系统。蓄热水箱及循环水泵放在本楼一层的水箱间内。

2. 设计参数的确定

（1）热水用水标准：100 L/（间·d）。

（2）热水温度：45～55℃。

（3）生活用热水的水质，应符合现行《生活饮用水卫生标准》（GB 5746—86）的要求。

3. 计算单元最大日热水量

用水单位取 7 间，故有

$$Q_{rd} = 7 \times 100 = 700 (L/d)$$

4. 计算太阳能集热器总面积、选择太阳集热器及相关参数

$$A_S = \frac{Q_{rd} C (t_r - t_1) f}{J_T \eta (1 - \eta_L)}$$

式中　Q_{rd} ——最大日用水量，$0.7 m^3$；

　　　C ——热水的比热，4.187（kJ/kg·℃）；

　　　t_r ——热水温度，55℃；

　　　t_1 ——冷水温度，10℃；

　　　f ——太阳保证率，选用 50%；

　　　J_T ——年平均日太阳辐照量，南昌=12130（kJ/m^2）；

　　　η ——集热器年平均效率，取 0.5；

　　　η_L ——贮热水箱及管路热损失率，取 0.20；

则：太阳能集热器总面积 A_S=14（m^2），可选用型号为 CP-P-G/0.6-TL/YJ-2.0 的平板型太阳能集热器，集热面积为 $1.83 m^2$，共需要 8 组。

5. 集热循环水箱有效容积

$$V_{集} = B_1 \times A_S = 50 \times 14 = 700 (L) = 1 (m^3)$$

式中　$V_{集}$ ——集热系统贮热水箱有效容积，L；

　　　A_S ——太阳能集热器采光面积，m^2；

　　　B_1 ——单位采光面积平均每日的产热水量，L/（m^2·d），取 50L/（m^2·d）。

6. 集热器平面布置

（1）集热器安装方位角和倾角。

1）太阳能集热器方位角为正南；

2）本设计集热器需全年使用，故集热器的安装倾角宜与都昌县的纬度相等，取 28°36′。

（2）集热器前后排间距。

1）由于本工程综合楼为坡屋面结构，所以集热器顺坡屋面安装，集热器之间不存在遮挡关系，留出安装间距和检修空间即可。

2）集热器采用单排串联安装，强制循环间接加热系统。

太阳能热水系统原理见图 4-5-1。

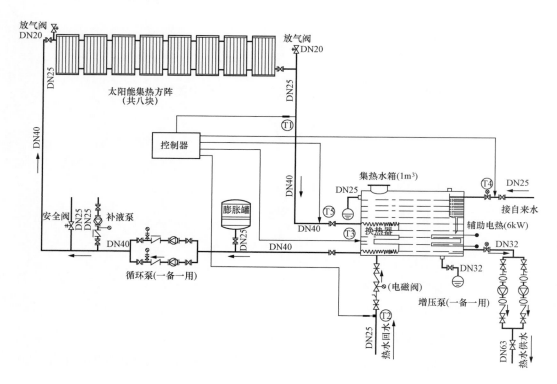

图 4-5-1　太阳能热水系统原理图

7. 计算集热循环流量

$$q_x = B_2 \times A_S$$

式中　B_2——太阳能集热器的面积流量，取 B_2=0.02L/（m²·s），则 q_x=0.02×14=0.28 L/s。

8. 即热循环水泵的选择

（1）水泵循环流量 q_x=1.26m^3/h；

（2）循环水泵扬程暂取 20m；

（3）根据水泵循环流量和扬程拟选用型号为 PUN-600E 循环水泵。

9. 选择辅助热源及加热设备

本方案采用辅助电热设备作为辅助热源，供热量约为 6kW。

增压泵拟选用型号为 HIM-204EM 的水泵。

四、太阳能热水系统性能特点

（1）节能环保，采用丰富的自然可再生资源——太阳能，作为房屋建筑集中热水系统（或采暖用热水系统）的主要热源，可减少能源与资源的消耗，减少二氧化碳等污染物对环境的污染。

（2）技术先进，功能完善，操作简单，运行安全可靠采用先进的智能化自动控制系统，配置完善的功能设施和安全设施，操作简单，运行安全可靠。

（3）优化资源配置，可利用工程现有条件和地方资源优化配置辅助加热能源，如中央空调系统能源、市政蒸汽管网系统能源等，达到能源的充分利用。

（4）安装时应保证工程施工质量，提高工程观感质量，太阳能集中热水系统与房屋建筑结构统一规划设计、同步施工，设备、管线设置合理，与结构工程同步施工科学有序，与建筑物协调一致。

五、设计总结

（1）在太阳能资源丰富地区有效地利用太阳能可达到建筑物绿色节能的目的。

（2）集中式太阳能热水系统的设计难点在运行模式的控制，运行模式的合理分配可保证对太阳能的充分利用，以达到节能减排的目的。

（3）太阳能集热系统的冬季防冻和夏季防过热问题的解决，可保证太阳能集热系统的安全可靠运行。

（4）辅助热源的合理设置是热水供水系统可靠运行的保证。

后　　记

一、《风力发电场标准化设计》编制领导小组

组长：宋志毅

成员：陈书平、钱戈金、程　阳、杜光利

二、《风力发电场标准化设计》编制工作组

组长：陈书平

成员：张　晟、陈　丰、赵建勇、杨永军、刘嘉晖、张又新、艾扬林、
　　　申建汛、石伟栋、郑清瀚

三、《风力发电场标准化设计》主要编写人员

华能国际电力股份有限公司：张又新、石伟栋、郑清瀚

北京乾华科技有限责任公司：叶留金、陈　晨、王俊良、贾立超、金　红、
　　　　　　　　　　　　　孙连昌、李宏涛、霍　维、赵宏生、韩振川、
　　　　　　　　　　　　　房　杰、王金峰、张鹏远、刘金平、毕朝阳、
　　　　　　　　　　　　　曹　睿、牛爱平

四、《风力发电场标准化设计》主要评审人员

朱瑞兆、田景奎、刘　蔚、李秀璞、张怀孔、吕汉中